彩图版
冒险系列

李毓佩数学故事

小眼镜时空历险记

李毓佩 著

长江出版传媒 长江少年儿童出版社

鄂新登字 04 号

图书在版编目（C I P）数据

彩图版李毓佩数学故事. 冒险系列. 小眼镜时空历险记 / 李毓佩著.
—武汉：长江少年儿童出版社，2018.10
ISBN 978－7－5560－8742－6

Ⅰ. ①彩…　Ⅱ. ①李…　Ⅲ. ①数学—青少年读物　Ⅳ. ①O1-49

中国版本图书馆 CIP 数据核字（2018）第 164834 号

小眼镜时空历险记

出 品 人：何龙
出版发行：长江少年儿童出版社
业务电话：（027）87679174　（027）87679195
网　　址：http://www.cjcpg.com
电子邮箱：cjcpg_cp@163.com
承 印 厂：中印南方印刷有限公司
经　　销：新华书店湖北发行所
印　　张：5.25
印　　次：2018 年 10 月第 1 版，2023 年 11 月第 6 次印刷
印　　数：42001－45000 册
规　　格：880 毫米 × 1230 毫米
开　　本：32 开
书　　号：ISBN 978－7－5560－8742－6
定　　价：25.00 元

人物介绍

1 小眼镜

小小的年纪却戴了一副厚厚的眼镜，所以得了这个“雅号”。脑子灵活，遇到紧急情况能超常发挥。

2 小派

本名袁周（爸爸姓袁，妈妈姓周），恰好出生在3月14日，数学成绩又特别好，所以大家亲切地叫他“小派”（小 π）。爱动脑筋、思维敏捷，遇紧急情况能沉着应对。

3 红桃王子

红桃王国的王子，住在扑克牌红桃J里。富有正义感，擅长飞行和击剑。

4 黑狼

黑森林的坏人头领，常年带领手下进行贩卖儿童、贩卖毒品、残杀珍稀动物等违法行为。

5 矮胖子

儿童贩卖团伙的成员，右手提野兔的人。

目录

CONTENTS

黑森林历险

红桃王子

小眼镜时空历险记

被时间大鹰抓走了

小眼镜是个数学迷，他非常钦佩古代数学家，总幻想着有一天能返回古代，见见这些数学圣人。

学校放暑假了。一天，小眼镜正在外面玩，忽然天空中响起一声凄厉的鹰啸，小眼镜抬头一看，只见一只硕大无比的雄鹰从天而降，一双铁钩般的鹰爪直向他抓来。

“大鹰要抓我啦！”小眼镜吓得掉头就跑，可是来不及了。大鹰一只爪子抓住小眼镜的皮带，另一只爪子抓住他的衣领，把他提到了半空。

小眼镜在空中连蹬带踢，高叫：“我又不是小鸡，你抓我干什么？”

大鹰忽然开口说话了：“我是时间大鹰，你不是一直有一个愿望吗？我可以带你飞回到古代的任何时候，见你想见的任何一位古代数学家。”

“神了！”小眼镜一听，脱口而出，“我就想见见这些大数学家。”他想了想，又提出了个条件：“我这样被你抓着飞太受罪了，能不能让我骑着你飞呀？”

“可以。”时间大鹰双爪一松，小眼镜径直坠落，正惊险间，大鹰一声长啸后像箭一般俯冲下来，一下子就飞到了小眼镜下面，小眼镜稳稳地跌落在大鹰的背上。

时间大鹰叮嘱说：“你坐稳了，我要带你飞到两千多年前的希腊，去见见大数学家毕达哥拉斯，他生活在公元前 6 世纪。”

小眼镜只觉得两耳生风，也不知飞了多长时间，时间大鹰终于开始下降。小眼镜看见下面有一个像靴子一样的半岛，在踢一只足球状的小岛。小眼镜惊呼：“这不是意大利吗？前面那只‘足球’是西西里岛呀！”大鹰说：“对，古代意大利的一大部分属于古希腊，毕达哥拉斯就住在这儿。”

大鹰平稳地降落在地面，小眼镜看见前方有一个古代希腊人正坐在地上摆弄小石子玩。

大鹰向小眼镜介绍：“他就是毕达哥拉斯。”小眼镜心想：大数学家怎么玩起小石子了呢？

不让听课

小眼镜走上前去问：“大数学家毕达哥拉斯，你怎么和小孩儿一样玩起小石子了？”说来也怪，穿越时空后，小眼镜的语言交流竟然也不成问题了。

毕达哥拉斯严肃地说：“这摆小石子的学问可大啦！你来看，我摆的是三角形数。”

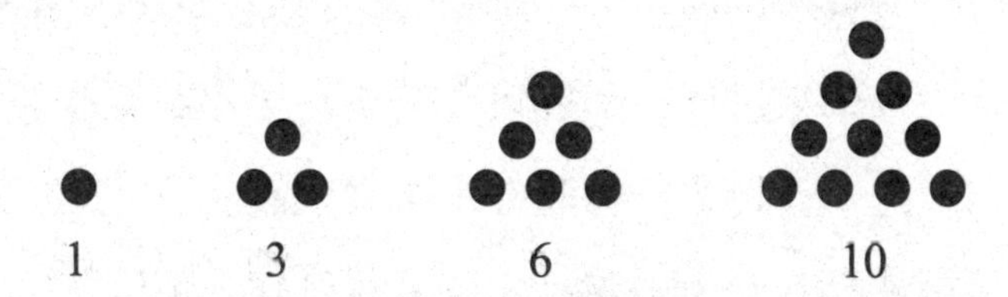

小眼镜说：“这里面有什么学问？”

毕达哥拉斯指着石子说：“你把任意相邻的两堆石子数相加，看看会得到什么？”

$$1+3=4=2^2$$

$$3+6=9=3^2$$

$$6+10=16=4^2$$

小眼镜算完以后笑了："嘿，真好玩！它们相加正好等于一个自然数的平方。"

"你看，把相邻的两堆石子拼在一起，正好得到正方形数。"毕达哥拉斯像变魔术一样摆出了三个正方形数。

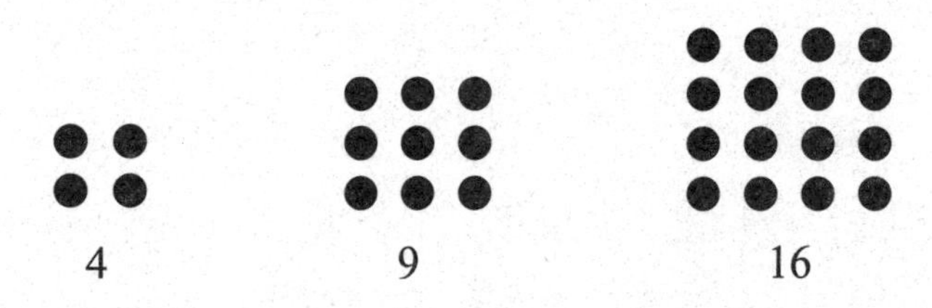

小眼镜看上了瘾，问："你能不能再给我变一个形状？"

毕达哥拉斯拍了拍手上的土，说："你自己在这儿摆着玩吧！我要去讲课了。"说完，径自朝一个大山洞走去。

"大数学家讲课，那我可要听听！"小眼镜心想，可不能错过这个好机会，站起身来跟着就跑。

"站住！"一个手拿长矛的青年拦住了他。

小眼镜说："我是来听课的。"

青年人非常严厉地说："出示证件！"

小眼镜没听课证，只好站在门口，等机会溜进去。

前来听课的古希腊人陆陆续续进场了。小眼镜发现他们也没有听课证，只不过到门口举了一下右手，青年人就放他们进去了。

"原来举一下右手就成，不需要听课证。"想到这儿，

小眼镜鼓起勇气，举起右手往洞里走。

“站住！”青年人又一次拦住了他。

小眼镜生气了，嚷嚷道：“他们举起右手就让进，我举起右手，为什么就不让进？”

青年人回答：“因为你不是毕达哥拉斯学派的人！你手心没有标记！”

“手心还要有标记？我倒要看看是什么标记。”小眼镜又被挡在了一边。可他没有气馁，又想了一个主意。他主动向一个来听课的古希腊人伸出了右手，说：“你好！”那个古希腊人微笑着点点头，也伸出了右手。

“啊，看清楚啦！”小眼镜急忙掏出圆珠笔，在手心画了一个漂亮的几何图形。

知识点解析

数与形

数形结合旨在让学生通过数字与形状的相互对照，探究图形中隐藏的数学规律，体会数与形的内在联系。数形结合体现了解决问题的直观性和简捷性。故事中，小石子的个数是由1+2+3+4……组成的，而每两堆相邻的石子数相加又是2，3，4的平方数，正好可以组成一个正方形。

考考你

守门的青年人对小眼镜说：“我来考考你：里面听课的人，一张方桌可以围坐4人，再加一张桌子拼在一起可多坐2人，一共有120张桌子拼在一起，你算一算一共有多少人听课。”

四眼怪物

小眼镜用圆珠笔在右手手心画了一个红五角星，然后举起右手，顺利地通过检查，走进了山洞。小眼镜这才想起来，红五角星是毕达哥拉斯学派的派徽，象征着光荣和不可战胜。

洞里已坐满了来听讲的古希腊人，小眼镜赶紧在后面找了个位子坐下。

毕达哥拉斯手拿一把三弦琴，说："我先讲讲音乐和数学的关系。这里有一把三弦琴，如果三根弦的长度不符合数学规律，会产生什么后果？我弹一下给你们听听。"他拨动琴弦，三弦琴发出叮叮咚咚的噪音。听讲的人大喊："啊呀，难听死啦！"毕达哥拉斯把三根弦的长度调整了一下，又弹了起来，三弦琴发出哆——咪——嗦的乐声，非常悦耳。听讲的人欢呼起来："好听，真好听！"

毕达哥拉斯解释说："当我把三根弦的长度调成 $1:\frac{4}{5}:\frac{2}{3}$ 时，它发出的声音就好听了。音乐只有和数学结合起来，才会产生优美的旋律！"说完，他用三弦琴弹奏起美妙的乐曲。所有听讲的古希腊人都随着乐曲跳起了舞，边跳边喊："好听极了！和谐极了！音乐万岁！数学万岁！"

"请安静！"毕达哥拉斯举起双手，示意大家停下，"下面，我要讲讲美术和数学的关系。你们知道一个人拥有怎样的身材比例，才最美吗？"大家齐声回答："不知道！"

毕达哥拉斯说："我们找一个长得最美的人上来，把他身体各部分量一量，然后算一下，你们就明白了。现在，你们看看谁最美，请他上来吧。"台下鸦雀无声，大家互相端详，看谁长得最美。恰好一个古希腊人看见了戴眼镜的小眼镜，吓了一跳。他大声叫道："你们看，这里有一个四眼怪物！"

毕达哥拉斯说："把那个四眼怪物带上来！"几个古希腊人连推带搡，把小眼镜推上了讲台。

"把他的衣服脱下来！"毕达哥拉斯一声令下，两个古希腊人强行把小眼镜的衣服扒下，只留了一条裤衩。他们用手腕当尺，测量小眼镜的身体：身长 4 腕尺，从肚脐到脚底长 2.47 腕尺，从肚脐到膝盖长 1.526 腕尺。毕达哥拉斯做了两个除法：

$$\frac{\text{肚脐到脚底的长度}}{\text{身长}}=\frac{2.47}{4}=0.6175$$

$$\frac{\text{肚脐到膝盖的长度}}{\text{肚脐到脚底的长度}}=\frac{1.526}{2.47}\approx 0.6178$$

相亲相爱

毕达哥拉斯兴奋地说："这两个数都是黄金数，我们就取它为0.618！再量量,看这个人身上还有没有黄金数。"

两个古希腊人连量带算，得出：

$$\frac{\text{眉毛到脖子的长度}}{\text{头顶到脖子的长度}}=\frac{\text{鼻尖到脖子的长度}}{\text{眉毛到脖子的长度}}=0.618$$

"嗯。"毕达哥拉斯点点头说，"这个少年的身材符合最优美的比例，他是一个美少年！"

台下议论纷纷："这个四眼怪物，原来是一个标准美少年！"

毕达哥拉斯赞叹道："爱与美的女神维纳斯，她身体各部分的比值就是 0.618；伟大的帕特农神庙，它的高和宽的比值也是 0.618。凡是美的地方都离不开黄金数——0.618！"

听课的人也受到感染，齐声高呼："伟大的 0.618！黄金数万岁！"

小眼镜摇摇头说："什么都喊万岁，真怪！"

毕达哥拉斯拉住小眼镜问："你是我们的朋友吗？220，请你回答！"

"220？"小眼镜丈二和尚摸不着头脑，信口答道，"治外伤的红药水，也叫220。"

毕达哥拉斯两眼一瞪，大叫："这个小孩不是我们的朋友！快给我拿下！"话音刚落，两个又高又壮的古希腊人走上来，要捉小眼镜。

小眼镜害怕了，大喊："时间大鹰，快救命啊！"只听见一声鹰啸，时间大鹰从洞口飞了进来。

时间大鹰凑到小眼镜耳边，说了一句话。小眼镜提高嗓门儿说："你说220，我回答284。"

毕达哥拉斯立刻上前热情拥抱了小眼镜，说："220和284，我们是一对好朋友！"

"这是怎么回事？"小眼镜被弄糊涂了。

时间大鹰向他解释："284共有5个真因数——1，2，4，71，142。把它们相加：$1+2+4+71+142=220$，正好等于220；反过来，220共有11个真因数，它们加起来正好等于284。220和284这两个数你中有我，我中有你，叫作相亲数，意思是相亲相爱，永不分离。"

小眼镜说："他们一会儿扒我衣服，一会儿又相亲

相爱，我有点儿受不了。大鹰，你带我走吧！”

“走？”毕达哥拉斯说，“你必须先发誓，不把这里的一切告诉别人，才可以放你走！”

“对谁发誓？”小眼镜问。

毕达哥拉斯双手高举，仰面朝天，虔诚地说：“整个宇宙是建立在前四个奇数和前四个偶数基础之上的，你对着伟大的 36 发誓吧！”

“36？这 36 又是怎么回事？”小眼镜不明白。

知识点解析

黄金分割

黄金分割是指将一个整体分为两部分，较大部分与整体部分的比值等于较小部分与较大部分的比值，其比值约为0.618。这个比值被人们认为是最能体现美感的比例，因此被称为黄金比例。黄金分割具有严格的比例性、艺术性、和谐性，蕴藏着丰富的美学价值。小眼镜的肚脐到脚底的长度：身长＝肚脐到膝盖的长度：肚脐到脚底的长度≈0.618。

考考你

维纳斯女神身体的比例是黄金比例，她的身体从肚脐到脚底的长度是126厘米，她的身高是多少呢？（结果保留整数）

绝食自杀

小眼镜开始还不明白，毕达哥拉斯为什么要他对36发誓，后来忽然悟到了其中的道理：正整数前四个奇数是1，3，5，7；前四个偶数是2，4，6，8。它们相加正好等于36。

$$36=(1+3+5+7)+(2+4+6+8)$$

36包含了整个宇宙！

小眼镜飞身骑上时间大鹰，对毕达哥拉斯说："大数学家，对不起，我从来不发誓，再见啦！"大鹰驮着小眼镜，嗖的一声飞出了屋子。

时间大鹰在天空中翱翔。俯瞰下方，那儿是美丽浩瀚的地中海，小眼镜知道大鹰是在朝南飞。没过多一会儿，小眼镜就看到了非洲大陆，下面一座雄伟的建筑吸引了他的目光。

小眼镜问："这是什么地方？"

大鹰说："这是两千多年前的亚历山大图书馆，它是当时最大的图书馆，藏书达几十万卷。”

大鹰徐徐降落在亚历山大图书馆前，小眼镜看到一个骨瘦如柴的老人坐在门口。老人双目失明，手中拿着一张写满数字的羊皮纸，嘴里不停地说着什么，身旁还放着几盘食物，王子模样的青年垂手站在一边。

小眼镜走过去，好奇地问那位青年：“这位老人是谁？他怎么啦？”

青年擦了擦眼泪，说：“我是亚历山大王国的王子。这位老人是大数学家埃拉托色尼，他是我的老师，也是这座图书馆的馆长。”

小眼镜又问：“他怎么这么瘦哇？你得多给老师补充营养呀！”

“唉！”王子叹了一口气，泪如雨下地说，“我的老师曾经说过，他活着就是为了工作。可是不久前，他双目失明，觉得自己不能工作了，活在世上也无用，非要绝食自杀不可！”

“啊！”小眼镜赶忙上前劝说埃拉托色尼，可是老人怎么也听不进去。老人把手中的羊皮纸交给小眼镜，说：“这是我发明的寻找质数的方法，叫筛法。先把 1 划掉，再把所有 2 的倍数划掉，再把所有 3 的倍数划掉……这样划下去，就像用筛子筛石头一样，最后剩下的就是质数了。”

小眼镜拉住老人的手，叫道：“可您不能饿死呀！”

“不，我决心已定。我拜托你一件事。”埃拉托色尼从怀中掏出一封信，交给小眼镜，“请你将这封信带给我的好朋友阿基米德，他住在西西——里——岛。”说到这儿，老人头一歪，离开了人世。

小眼镜擦干眼泪，告别了王子，骑上大鹰，说：“走，咱们去西西里岛，去找阿基米德。”

血染沙盘

时间大鹰驮着小眼镜来到了西西里岛的叙拉古城。没想到这里正在进行一场大战，罗马战船队挂满了风帆，正要进攻叙拉古城。这时，许多大石头忽然从城里飞出，砸沉了好几艘战船。但是，更多的战船迎着石头雨继续向城墙逼近。

小眼镜正替叙拉古城的居民担心，忽然眼前一亮，只见城墙上站了一长排妇女，她们每人手里都拿着一面古镜，用镜子把太阳光反射到战船的风帆上。没过多久，风帆纷纷着火，罗马的战船败退。

“好哇！敌船逃跑了！”叙拉古城的居民欢呼雀跃。他们喊道：“阿基米德真伟大，石头砸、大火烧，打得敌人快快逃！”

小眼镜激动地说：“阿基米德不仅是一位大数学家，还是一位大发明家。他利用杠杆原理把大石头抛出了城，又用镜子反射太阳光，把敌船的风帆烧毁。他一个人抵得上千军万马，真了不起！”

这时，时间大鹰在一间屋子前缓缓降落，说："小眼镜，你进去吧！阿基米德就在里面。"

小眼镜推门进去，见一位老人正在一张沙盘前边说边画。阿基米德抬头看见小眼镜，非常高兴，对他招招手说："小朋友，你快来看，我发现了一个重要的几何定理。"

阿基米德指着画在沙盘上的一个图形，说："这是一个圆柱体，里面恰好能装进一个圆球，我发现这个球的体积恰好是圆柱体体积的 $\frac{2}{3}$；球的表面积也恰好是圆柱体表面积的 $\frac{2}{3}$。"

"真有这样巧的事？"小眼镜觉得很新鲜。

阿基米德拿出一套模型，是一个圆柱形的桶和一个圆球。他对小眼镜说："我考考你。我把半个球装满沙子，往这个圆柱桶里倒。我需要分几次把桶倒满，才能说明球的体积是圆柱体体积的 $\frac{2}{3}$ 呢？"

"嗯……"小眼镜想了想，说，"整个球的体积占圆柱体的 $\frac{2}{3}$，半个球就占 $\frac{1}{3}$ 呗！对啦，如果分三次倒满就能说明问题。"

"你看着吧。"阿基米德用半个球盛沙子，然后将沙子往圆柱桶里倒，三次恰好倒满。

"好哇！"小眼镜特别高兴。他刚想把埃拉托色尼的信交给阿基米德，突然，门被一脚踢开了。一个手持短剑

的罗马士兵气势汹汹地走了进来，一脚踩在沙盘上。

阿基米德气愤地叫喊：“浑小子，你踩坏了我沙盘上的图形！”

罗马士兵大怒，一剑刺进了阿基米德的左胸。数学家倒下了，鲜血染红了沙盘。

小眼镜扑在阿基米德身上痛哭。在大鹰的帮助下，他赶跑了罗马士兵，将阿基米德安葬在一棵树下，并在墓前立了一块墓碑。该在墓碑上刻点儿什么好呢？

小眼镜除妖

小眼镜埋葬了阿基米德，然后在墓碑上刻了一个图形，图形下面写着：

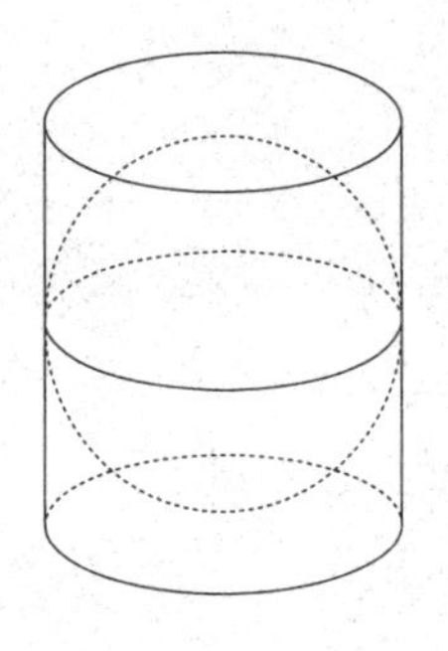

以此纪念阿基米德一生中最后一个伟大发现。

时间大鹰见小眼镜十分悲伤，想转移他的注意力："你有胆量吗？我带你到古希腊的克里特岛去除妖。"

"除妖？"小眼镜十分惊讶。

"对。克里特岛上有一座迷宫，迷宫里藏着一个半人半牛的怪物。凡是进入迷宫的人都会被它吃掉。"时间大鹰看着小眼镜问，"你敢去除掉它吗？"

“走吧！咱们去为民除害！”小眼镜立刻打起了精神，骑上大鹰直奔克里特岛。

小眼镜要除妖的消息惊动了克里特岛的居民。一位老人献出斩妖剑，一位少女拿出一团线绳，把线团的一端挂在迷宫门口的小树上，线团则放在小眼镜的口袋里，让他放着线走进迷宫。

小眼镜手持斩妖剑，勇敢地走进了迷宫。他一边寻找，一边放线，终于在迷宫深处找到了牛头人身的怪物。小眼镜和怪物展开了激烈的搏斗。

打了有一顿饭的工夫，他们战了个平手。

怪物喘了口气，说：“停一停。这样打下去太浪费时间。我出个问题给你，答对了我就放你出去，答错了我就吃掉你。”

小眼镜想了想，说：“好吧，你出题。”

怪物恶狠狠地对他说：“你来回答，我会不会吃掉你？”

“嗯……”小眼镜想了一下说，“你会吃掉我的。”

小眼镜出乎意料的回答，使怪物愣住了。它自言自语地说：“如果我把你吃掉，就证明你答对了，你答对了，我就应该放了你；如果我把你放走，又证明你答错了，答错了我就应该吃掉你。哎呀！我到底应该吃掉你呢，还是放了你？”

趁怪物犹豫不决的时候，小眼镜对准怪物的心脏猛刺了一剑。“啊！”怪物大叫一声，轰的一下倒在地上，蹬了两下腿就没气了。

小眼镜顺着放的线又回到了门口。克里特岛的居民将小眼镜当作英雄，把他高高抬起，绕岛一周。小眼镜添油加醋地讲了自己是如何智斗怪物的。送斩妖剑的老人忽然提了一个问题，他说：“如果你当时回答‘你不会吃掉我的’，将发生什么事情？”

知识点解析

逻辑推理

故事中，怪物问："我会不会吃掉你？"小眼镜回答："你会吃掉我。"这句话是用怪物的"矛"去戳怪物的"盾"。小眼镜仔细分析了怪物给出的条件和导出的结论，通过分析、判断，排除不利于自己的可能，从而做出了正确的判断。这种思维是一种逻辑推理，通常用到的方法有：1. 利用逻辑思维的基本规律进行直接推理；2. 借助图表分析、排除，进行推理。

考考你

怪物发现少了一个犯人，于是问是谁放走的。小怪物甲说："是丙放走的。"小怪物乙说："我没有放走犯人。"小怪物丙说："是乙放走的。"他们中只有一个人说了谎话。请问到底是谁放走了犯人呢？

勇闯金字塔

给小眼镜送线团的少女，回答了老人的问题：“如果小眼镜回答‘你不会吃掉我的’，怪物将一口吃掉小眼镜。怪物会说，‘看，回答错了吧！你回答说我不会吃掉你，我偏偏吃掉你。’”听完少女的话，大家都称赞小眼镜回答得妙。

告别了克里特岛的居民，时间大鹰载着小眼镜继续向东南方向飞去，无垠的沙漠中间忽然出现了一座三角形的建筑。小眼镜惊喜地叫道：“到古埃及了！我想去看看金字塔。”时间大鹰缓缓落在地上。

小眼镜围着金字塔转了一圈，也没找到入口。他自言自语地说：“这入口究竟在什么地方？”

忽然，金字塔前的狮身人面像说话了。他说：“进金字塔可是件很危险的事，只有靠出色的数学才能和足够的勇气，才能闯过难关，进入金字塔。”

小眼镜坚定地说：“我既会数学又有勇气！”

“好吧。你凑到我跟前来。”狮身人面像小声地把开门的咒语告诉了小眼镜。小眼镜念完咒语后，金字塔底部开了一个小门儿。

小眼镜刚走进入口，只听轰的一声，门又重新关上了，里面漆黑一片。小眼镜摸索着往前走，拐过一个弯儿后，终于看见一点光亮。他定睛一看，原来是一盏油灯，油灯旁还坐着一个身披黑袍的老婆婆。

“啊，有鬼！”小眼镜吓得扭头就跑。

“站住！”老婆婆说，“门都关上了，你往哪里跑呀？你的勇气呢？你的决心呢？”

小眼镜也暗骂自己没出息。他镇定了一下，问：“你是谁？”

老婆婆不高兴了。她说：“我是谁？你真不懂礼貌，连‘请问’都不会说！我是金字塔的守护神。”

小眼镜小心翼翼地问：“那你能放我出去吗？”

“可以。不过，你要先给我算一个数。这个数我算了一千多年也没算出来。”老婆婆提着油灯走到一面墙跟前，小眼镜凑近了，看到墙上画着一些图形。他问：“这是什么呀？又有小鸭子，又有小老虎。”

老婆婆说："这是古埃及的象形文字，我念你写：最左边的三个符号表示未知数和乘法，第四个符号表示$\frac{2}{3}$，小鸭子表示加号……"

小眼镜根据老婆婆所说的内容，列出了一个方程：

$$x\left(\frac{2}{3}+\frac{1}{2}+\frac{1}{7}+1\right)=37$$

$$x=\frac{1554}{97}$$

老婆婆问："算得对吗？算对了，你就可以出去；算错了，你要留下来和我一起守护金字塔！"

巧测高度

小眼镜吓出了一身冷汗，他可不想和木乃伊关在一起。还好他没算错，入口的门打开了，他一溜烟逃出了金字塔，也没顾上跟老婆婆说声“再见”。小眼镜跑了好一阵儿，才敢停下来，抹了把头上的汗，说：“真吓人哪！”他看见前面有一大群人正在看告示，也凑了过去。

告示上的字小眼镜不认识，他轻轻拍了拍前面一个中年人的肩膀，问：“这上面写的什么呀？”

中年人头也没回，说：“埃及法老，也就是我们埃及的最高统治者阿美西斯，在寻找天下最聪明的人。”小眼镜眨了眨眼睛，问：“什么人才是天下最聪明的？”中年人说：“告示上说，谁能测量出这座金字塔的高度，谁就是世界上最聪明的人。”

忽然，一个留着胡子的希腊人拨开众人走到告示前，一把将告示扯了下来，对旁边的官员说：“带我去见法老！”官员把这个希腊人带到法老阿美西斯面前，小眼镜也跟着去看热闹。

法老问：“你是哪里人？叫什么名字？”

希腊人答：“我是希腊人，叫泰勒斯。”

法老又问：“你测金字塔的高度，需要什么工具？”

泰勒斯回答：“一根木棍和一把尺子。”

法老吃惊地看了他一眼，问：“什么时候测量？”

“我要等一个特殊的日子。”说完，泰勒斯拿起木棍和尺子来到金字塔前。他把木棍直立在金字塔旁，又用尺子测量了木棍的高和它的影长。

泰勒斯对官员说：“今天不成，我明天再来。”然后到附近的旅店休息去了。

第二天，泰勒斯又测量了木棍的影子长度，摇摇头说：“今天也不成。”转身又回旅店休息。

一连几天过去了，泰勒斯还在等待那个特殊的日子。看热闹的人开始议论起来，有人甚至怀疑这个泰勒斯是骗子。一名希腊商人为泰勒斯辩护：“你们可别瞎说。泰勒斯是我们希腊的圣人，被尊为‘七贤之首’，是个了不起的聪明人。”又一天，泰勒斯量完木棍的影长，高兴地跳了起来：“这个特殊时刻终于来到了！”

泰勒斯用尺子测量了金字塔正方形底座的一边长，取其长度的一半；然后又量出金字塔在地面上的影长，做了个加法。泰勒斯郑重宣布：“这座金字塔高 147 米。”

几块骨片

埃及法老阿美西斯，对泰勒斯量出的金字塔高度表示怀疑。法老问：“你怎么能肯定金字塔高 147 米呢？”泰勒斯胸有成竹地回答：“我等待的特殊的日子，是木棍的影长等于木棍长度的那天。在这一天，金字塔的影长也应该等于金字塔的高。可是金字塔是个正四棱锥（见下图），只能测得部分影长 a，再加上底边长的一半 b，正好是 147 米。”

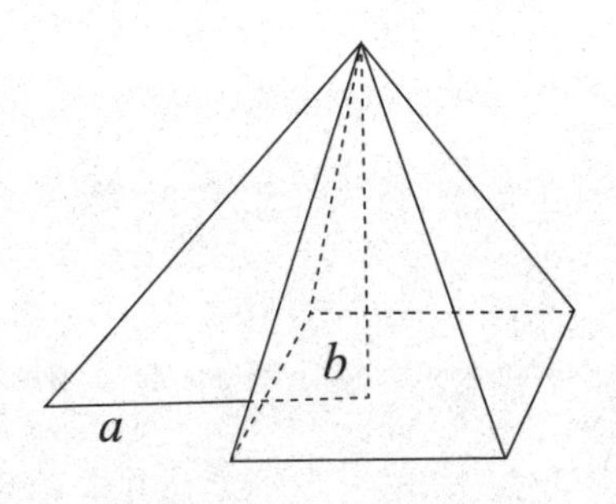

“因此，金字塔的高为 147 米。好，真是个聪明人！”法老竖起大拇指夸奖泰勒斯。

在一旁的小眼镜问泰勒斯：“喂，聪明人，下一步你

准备到哪儿去？”

泰勒斯想了一下，说：“我准备去非洲西部考古。”

“我也去。”说完，小眼镜和泰勒斯每人骑一匹马，飞快地向前奔驰，时间大鹰在空中跟着他们往前飞。走了很长时间后，他们来到一个湖的湖畔。

泰勒斯停下马，说：“咱们就在这儿考古。”小眼镜看着这块陌生的地方，问：“这是哪儿？”时间大鹰回答：“在你生活的时代，这个地方是刚果的爱德华湖。”

泰勒斯在湖畔不停地挖着什么东西。突然，他大喊：“小朋友，你来看这是什么？”

小眼镜跑过去一看，只见泰勒斯手里拿着两块经过磨制的骨片，骨片边缘有着许多道刻痕。其中一块骨片上有7组刻痕，它们是3、6、4、8、10、5、5。其中3和6靠得很近，隔一段是4和8，然后是10和两个5。

泰勒斯问："你知道这是什么意思吗？"小眼镜摸着后脑勺想了一会儿，说："这3和6靠得这么近，是不是说明6是3的2倍？"

"对，对！"泰勒斯高兴地说，"6是3的2倍，8是4的2倍，10等于5加5。"另一块骨片的左侧刻有11、21、19和9（如右图）。

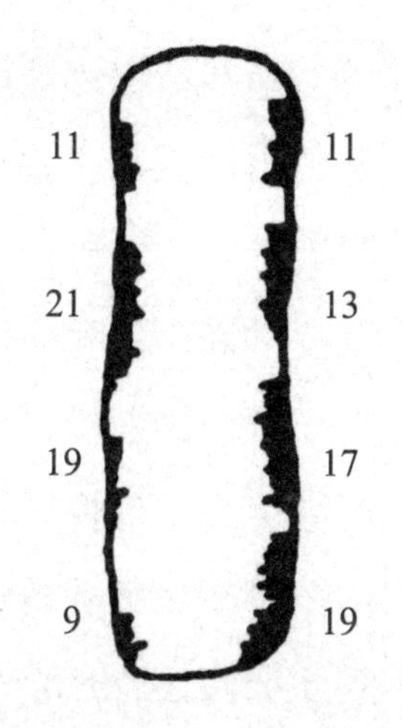

小眼镜望着这四个数两眼发直，过了一会儿，他一拍脑袋，大叫："我知道了！它们说明了一种关系。"说完，小眼镜在地上写出：

$10+1=11$，$20+1=21$，$20-1=19$，$10-1=9$。

"嗯，不错！"泰勒斯指着右侧的四组刻痕，问，"这右边的11，13，17，19又是什么意思呢？""这……"小眼镜一时傻了。

数学表

小眼镜想了想，指着11，13，17，19这四个数说："我知道了，这是10与20之间的所有质数。"

泰勒斯惊奇地望着小眼镜，说："后生可畏！你比我还聪明。孩子，我建议你去巴比伦，那里的人数学成就可高啦！"

"好，那我去巴比伦！"小眼镜兴冲冲地骑上时间大鹰，对泰勒斯说，"再见啦，古希腊的大数学家！"泰勒斯微笑着与他挥手告别。

时间大鹰载着小眼镜向东北方向飞去，它告诉小眼镜，刚才那两块骨片是公元前9000年非洲人使用的骨具。

小眼镜惊叹道："这么说，早在一万多年前，人类就已经知道质数啦！真了不起！"

不知过了多长时间，时间大鹰降落在一座城市。小眼镜问："这就是巴比伦吗？"

时间大鹰点点头，说："这就是古代巴比伦城，现在在伊拉克境内。你随便逛逛吧！"小眼镜漫步在两千多年前的巴比伦城，心里十分激动。他左看看、右看看，看见街上的一个中年男子正拿木棍在一块泥板上刻着什么。木棍上有一个三角形尖头，中年男子用这个尖头在泥板上一会儿横按，一会儿竖按，按出许多三角形的小坑。小眼镜好奇地问：“这是什么呀？”中年人答：“是数学表。”“数学表？”小眼镜心想，“我怎么不认识这个表呢？”

```
             ▽▽▽
▽            ▽▽▽
             ▽▽▽
─────────────────
              ▽▽
▽▽          ◁▽▽▽
             ▽▽▽
─────────────────
▽▽▽       ◁◁▽▽▽
             ▽▽▽
               ▽
─────────────────
▽▽           ▽▽▽
▽▽       ◁◁◁▽▽▽
```

小眼镜就是好动脑筋，他边看边琢磨，终于搞明白了。原来记号▽表示 1，记号◁表示 10，小眼镜脱口而出：“这是一张乘法表！第一行是一九得九，接下去是二九一十八，左边的记号◁是 10，右边 8 个▽叠成三行就是 8，加在一起不就是 18 吗？下面是三九二十七，四九三十六呀！”

中年人竖起大拇指，说：“说得对！小朋友，你数学挺不错呀！”

忽然，有人大声喊道：“谁的数学挺不错呀？”小眼镜回头一看，只见10个长相相似的壮汉正向他们走来。为首的一个壮汉说：“我们兄弟10个分100两银子，要求一个比一个分得多，我是老大，应该分得最多。任何两个年龄相近的兄弟所差的银子要一样多，现在只知道老八分了6两，你给我们其余9个兄弟算算，每人该分多少两？”另一个壮汉撸了撸袖子，粗声粗气地说：“算不出来，别怪我们不客气！”

“哪有这样蛮不讲理的，还非算出来不可？”小眼镜为分银子的事儿动着脑子。

谁绕着谁转

小眼镜被古巴比伦城的10个兄弟围着，他们非要他把100两银子分开，否则要揍他。小眼镜自信能解答出这个问题，所以并不怕他们的威胁。小眼镜说："我以老十做基数，并把相邻两兄弟所差的银子设为a，那么老大比老十多$9a$，老二比老十多$8a$……老九比老十多a。"

老大很不耐烦地说："我要你算出每人分多少银子，你说那么多a干什么？"

"你别着急呀！"小眼镜说，"根据我的分析，你们10个兄弟分得的银子数应该是这样的数学关系。"他写出：老大与老十共得银两 = 老二与老九共得银两 = 老三与老八共得银两 = 老四与老七共得银两 = 老五与老六共得银两 = $\frac{100}{5}=20$（两）。

小眼镜又说："已经知道老八得6两银子，由于老三和老八共得20两，所以老三得$20-6=14$（两）。而老三比老八多5个a，老三比老八多得$14-6=8$（两），所以，$a=8\div5=1.6$（两）。求出a来就能知道你们各得几两了。”小眼镜写出：老八得 6 两，老七得 6 + 1.6 = 7.6（两），老九得 6 − 1.6 = 4.4（两）。接着，小眼镜给他们兄弟 10 个从老大开始，排了个表：

17.2，15.6，14，12.4，10.8，9.2，7.6，6，4.4，2.8

兄弟 10 个把 100 两银子分完，都满意地笑了。为了奖励小眼镜，他们给了他一张票，让他去听大数学家的讲演。

小眼镜按票上的地址走到一间大屋子，只见屋里坐满了人，一个又矮又胖的数学家正站在讲台上发表演说：“大家知道吗？一个周角等于 360 度，每一度合 60 分，每一分合 60 秒，这是我们巴比伦人规定的，是我们巴比伦人的骄傲！”

听到这里，小眼镜向数学家提了个问题：“请问，你们为什么规定一个周角等于 360 度呢？”

“你这个问题提得好。”数学家解释说，“因为太阳绕着地球在不停地转动。”“嗯？太阳绕着地球转？”小眼镜一愣。

数学家又说：“太阳绕地球一圈是一年，而一年有 360 天。”

“嗯？一年有 360 天？”小眼镜又一愣。

数学家说："我们把太阳在一天里转过的圆心角规定为1度的角。"

"不对，不对！你讲的有问题！"小眼镜站起来大声叫道。

四手之神

小眼镜根据自己掌握的知识告诉古巴比伦数学家，应该是地球绕着太阳转，一年应该是365天5小时48分46秒。这位数学家听了，怒气冲冲地指着小眼镜叫道：“把这个胡言乱语的小孩抓起来！”

小眼镜一看不妙，拔腿就往外跑，还边跑边喊：“我比你们晚生两千多年，你们对两千年后的科学当然不懂啦！”不好，几个古巴比伦人眼看就要追上小眼镜了。忽然，只听一声鹰叫，时间大鹰闪电般俯冲下来，抓起小眼镜直冲云霄。小眼镜松了口气，说：“好悬哪！”

时间大鹰说：“四大文明古国，我们已经去了两个，我再带你去看看古印度吧！”小眼镜高兴地点了点头。

时间大鹰选择在一座庙宇前停了下来。小眼镜看见庄严肃穆的庙宇，行为举止不禁也端庄起来。他走进寺庙，只见里面供奉着一尊神像。这尊神像很特别，长着四只手，四只手里分别拿着莲花、贝壳、铁饼、狼牙棒。

小眼镜自言自语地问：“这是一尊什么神呢？”

忽然，这尊四手神开口说话了。它说："我叫哈利神。其实我还可以有许多名字，按照佛经所说，如果我手中拿的东西改变一下次序，我就可以有一个新名字。"

小眼镜此番游历见多了世面，对神像开口说话竟习以为常。他问："你要那么多名字干什么？"

哈利神说："我多一个名字，就多一分道行，多一分法术。很多年以来，我一直想知道，我手里拿的四件东西可以有多少种不同的排列次序，我究竟能有多少个不同的名字，请你帮我算算。"

"神像求我算，我哪敢不算？"小眼镜在地上比画起来，"排次序要讲究规律，不能乱排，看我的。"

第一只手	第二只手	第三只手	第四只手
狼牙棒	铁饼	莲花	贝壳
狼牙棒	铁饼	贝壳	莲花
狼牙棒	莲花	铁饼	贝壳
狼牙棒	莲花	贝壳	铁饼
狼牙棒	贝壳	莲花	铁饼
狼牙棒	贝壳	铁饼	莲花

"看见了没有？让第一只手固定拿着狼牙棒不变，然后让其余三只手变花样，可以有 6 种不同的排法。如果让

第一只手拿别的东西，可以有多少种排列方法？你自己动脑筋想想吧！”小眼镜站起来拍拍手，就要走出去。

哈利神在后面喊道：“别走，我还是不会算！”

知识点解析

排列组合

故事中，只要哈利神4只手拿的东西改变顺序，它就有一个新名字。这属于排列组合问题。排列组合往往和乘法、加法原理相联系，不可分割。如果做某件事有几种方法，而每一种方法又要分几步来完成，就要用到乘法原理和加法原理，还要根据具体情况判断是否是排列组合问题。故事中，哈利神名字的组成分为4步：分别确定第一只手、第二只手……每一步分别有4、3、2、1种拿法，所以一共有$4\times3\times2\times1=24$（个）名字。

考考你

哈利神说：“我手中拿的四个物品其实都是武器，有一次世界大战的时候，我的第二只手必须拿着狼牙棒，其他的武器可以变化，你算一算我一共可以变幻出多少种武器排列方式。”

毁灭之神

尽管小眼镜把排列的规律告诉了哈利神，可是这位四手大神数学不灵光，还是算不出来。

小眼镜只好耐心解释说："1 只手固定不变，可以有 6 种排法，而这只手可以拿 4 种不同的东西，那就一共有 $6 \times 4=24$（种）排法呀！""哈哈，我有 24 个不同的名字。"哈利神高兴地笑了。

告别了哈利神，小眼镜又走进了一座大殿，这座殿里供奉的神像更加奇特：它长着 10 只手。10 只手中分别拿着绳子、钩子、蛇、鼓、头盖骨、三叉戟、床架、匕首、箭和弓。

小眼镜好奇地问："你是什么神？为什么长了 10 只手？"

神像回答："我叫湿婆神，是印度教的主神，我也是毁灭之神。你刚才给哈利神算出他有 24 个不同的名字，你也给我算算吧！"

"啊，你有 10 只手，太多了，这要排到什么时候？

我不算！”小眼镜扭头就想跑。

没想到湿婆神不是好惹的，它叫道：“孩子，你算得出来要算，算不出来也要算！别忘了，我是毁灭之神。看，大门已经关了。”只见大殿的两扇大门呼啦一声关上了。

“啊，大门关了，我只好给它算一算了。”小眼镜拍着脑袋说，“这次我可不能一个一个去排，要想个新方法。1 只手拿 1 件东西时，只有 1 种拿法；2 只手拿 2 件东西时，有 2 种拿法；3 只手拿 3 件东西时，有 6 种拿法；4 只手拿 4 件东西时，有 24 种拿法……”

湿婆神见小眼镜嘴里嘟嘟囔囔的，有点不耐烦：“你算出来没有？”

"你等等。这1，2，6，24四个数之间有什么规律呢？"小眼镜发现了点儿什么，写出：

1只手：$1=1$

2只手：$2=1\times2$

3只手：$6=1\times2\times3$

4只手：$24=1\times2\times3\times4$

……

10只手：$1\times2\times3\times4\times5\times6\times7\times8\times9\times10$

$=3628800$

"哈哈！"湿婆神仰天大笑，"我有3628800个名字，谁比得了我！"

趁大门开了一条缝儿，小眼镜噌的一声蹿了出去。小眼镜摇摇头说："这种庙可再不能进了，神像总让我算题。"

突然，一条黑蛇向小眼镜爬来，他吓得拔腿就跑，而黑蛇在后面紧追不舍，怎么办？

黑蛇钻洞

小眼镜在前面跑，黑蛇在后面追。这时，一位印度老人左手提着竹篓，右手拿着一支竹笛出现在前方。他把竹篓放在地上，用竹笛吹了一首悠扬的乐曲。听到笛声，黑蛇停止了追赶，昂起头来，合着节拍左右摇摆。舞完后，一头钻进了竹篓里。

印度老人双手合十，对小眼镜说："小施主，你受惊了。我叫婆什迦罗，这条黑蛇是我养的。我一时没看住，让它跑了出来。""啊！您就是大名鼎鼎的古代印度数学家婆什迦罗呀！"小眼镜兴奋地跑上前，拉住老人的手问，"听说您写了好几本数学书？"

婆什迦罗从口袋里掏出一本书，说："这是我刚写的，叫《丽罗娃提》。"

小眼镜好奇地问："《丽罗娃提》是什么意思？"

"唉，说来话长。"婆什迦罗带着几分忧伤的神情说，"丽罗娃提是我的独生女儿。算命先生说，如果她不在某一个吉利日子的某一时刻结婚，那么不幸将会降临到她头上。”

小眼镜说：“那是骗人的，别信那一套！”婆什迦罗接着说：“我女儿结婚那天，她穿戴整齐地坐在‘时刻杯’（古代印度以水流计时的工具）旁，等待水面下沉时那幸福时刻的来临。谁料想，她头上的一颗珍珠从头饰上滚落下来，掉进时刻杯里，恰好堵住了杯中的小孔。水不再流，时间也无法计算，结果幸福时刻过去了，女儿非常伤心。为了安慰女儿，我以她的名字命名了这本书。”

小眼镜不想让婆什迦罗沉浸在悲伤中，他问：“书中有什么有意思的题目吗？”

婆什迦罗说：“有一道关于黑蛇的题目：我的这条黑蛇是一条强有力的、不可征服的好蛇。它全长80安古拉（古印度长度单位），以$\frac{5}{14}$天爬行$7\frac{1}{2}$安古拉的速度爬进一个洞。而且这条神奇的黑蛇每天还在生长，它的尾巴每天长11安古拉。喂，小朋友，请你告诉我，这条黑蛇何时能全部爬进洞？”

“嘻嘻。你可真会刁难人。蛇头往洞里爬，蛇尾还往后长。解这道题的关键是求出二者的速度差。”

小眼镜写出：

黑蛇爬行的速度是 $7\frac{1}{2}\div\frac{5}{14}=21$（安古拉/天）

蛇尾生长的速度是 11（安古拉/天）

爬行速度与蛇尾生长速度的差是 21−11=10（安古拉/天）

全部进洞的时间是 $80\div10=8$（天）

忽然，小眼镜听见一阵急促的马蹄声：出了什么事儿?

一筐杧果

只见一队官兵正急速赶来。跟在士兵后面的是一位骑马的古印度军官，他见到婆什迦罗，赶忙翻身下马，脱帽行礼。

军官说：“伟大的数学家婆什迦罗，国王有一个数学问题请您帮助解决。”

婆什迦罗点头说：“好的，我这就去。”

小眼镜小声问：“我也跟您去见国王，行吗？”婆什迦罗点了点头。

进了王宫，只见一个外国使者立在殿上，他旁边摆着一筐献给国王的杧果。

国王正在为难，见婆什迦罗来了，脸上现出微笑。国王对外国使者说：“你把刚才的问题再说一遍。”

使者皮笑肉不笑地说：“早听说印度是个文明古国，我们国王献给印度国王一筐杧果，国王取 $\frac{1}{6}$，王后取余下的 $\frac{1}{5}$，大王子、二王子、三王子分别逐次取余下的 $\frac{1}{4}$、$\frac{1}{3}$ 和 $\frac{1}{2}$，小王子取最后剩下的 3 个杧果。谁能告诉我，这

筐杧果有多少个呢？”

婆什迦罗微微一笑，说：“贵国国王真小气，才送来了 18 个杧果。”

国王命侍从当场数数，不多不少，正好 18 个杧果。使者哼了一声，追问道：“能说说你是怎么算的吗？”

小眼镜见使者欺人太甚，挺身而出说：“这么简单的问题，哪儿用得着大数学家来解？我给你算算。”

小眼镜说：“我设杧果总数为 1。国王取 $\frac{1}{6}$，王后取余下的$\frac{1}{5}$，即（$1-\frac{1}{6}$）$\times\frac{1}{5}=\frac{5}{6}\times\frac{1}{5}=\frac{1}{6}$。三位王子分别逐次取余下的$\frac{1}{4}$、$\frac{1}{3}$、$\frac{1}{2}$，即（$1-\frac{2}{6}$）$\times\frac{1}{4}=\frac{4}{6}\times\frac{1}{4}=\frac{1}{6}$；（$1-\frac{3}{6}$）$\times\frac{1}{3}=\frac{3}{6}\times\frac{1}{3}=\frac{1}{6}$；（$1-\frac{4}{6}$）$\times\frac{1}{2}=\frac{2}{6}\times\frac{1}{2}=\frac{1}{6}$。5个人都取完了，最后剩下$1-\frac{5}{6}=\frac{1}{6}$，小王子拿了3个杧果，占总数的$\frac{1}{6}$，用$3\div\frac{1}{6}$，得出总数是18个。”

使者上下打量着小眼镜：“看你的长相和穿着，都不像印度人。我给印度国王出题，关你什么事儿？”

小眼镜挺胸往前走了一步，说：“路见不平，拔刀相助！”

“好样的！”国王站起来，竖起大拇指夸奖小眼镜，“你将来会成为婆什迦罗第二，留在我的王宫吧！”

“不，不，我是中国人，我要回我的祖国。”小眼镜谢绝了国王的好意。

勾股先师

游完了三大文明古国，小眼镜开始思念祖国了，他请时间大鹰带他返回中国。

他们来到了一个地方，小眼镜发现周围的人穿戴都很奇特，问："这是我国的什么年代？"

大鹰回答："这是周朝，距离你生活的年代有三千多年。"

小眼镜见一位老者在地上竖起一根标杆，并在地上量标杆的影长，周围还有许多人在看热闹。

小眼镜跑过去问："老爷爷，您在这儿干什么呢？"

老者忙着测量，头也不抬地说："我在测太阳的高度。"

"笑话！这么短的杆子，怎么能量得出太阳的高度？"小眼镜不相信。

老者并不气恼，站起来指着标杆说："你看，这根标杆高 8 尺，它投在地面上的影长是 6 尺，算一算就能知道，太阳高 8 万里呀！"

小眼镜还是没弄明白："您是怎么算出来的呢？"

老者说："今天正好是夏至。在今天，一根 8 尺高的标杆，影长恰好是 6 尺。大地是个方方的大平面，根据我的经验：标杆每向南移动 1000 里，日影就缩短 1 寸。"

小眼镜摸着后脑勺说："大地怎么会是方方的大平面呢？"

老者画了一个图，说："现在标杆影长 6 尺，将标杆南移 6 万里，就到太阳的正下方了。这里有一大一小两个直角三角形，它们对应的直角边，有这种比例关系：

$$\frac{\text{日高}}{\text{标杆高}}=\frac{\text{标杆南移距离}+\text{标杆影长}}{\text{标杆影长}},$$

$$\text{日高}=8\text{（万里）。"}$$

小眼镜连连摇头说："不对，不对。老师说，阳光到地球要走 8 分钟，光每秒走 30 万千米，那么太阳到地球的距离是 $8\times60\times300000=144000000$（千米）。"

这时，一个全副武装的卫兵走过来对小眼镜说："大胆的小孩，竟敢如此无礼，你知道这位老者是谁吗？"小眼镜摇摇头。

卫兵介绍说："这是我们周朝的大数学家商高！"

小眼镜向老者深鞠了一躬，说："啊，原来您是大名鼎鼎的发现勾股定理的商高呀，失礼了！”

知识点解析

勾股定理

西周时期的数学家商高用标尺测量太阳的高度，发现了勾股定理。直角三角形的两条直角边的平方和等于斜边的平方，这一特性叫作勾股定理，也称勾股弦定理。从古至今，勾股定理在工程领域的物理、数学方面都有广泛应用，如修建房屋、修井、造车等。

考考你

老者门前有一块直角三角形的土地，他以三条边为直径建造了三个半圆形的池塘，最大的池塘的面积和较小两个池塘的面积之和相比，谁的面积大？

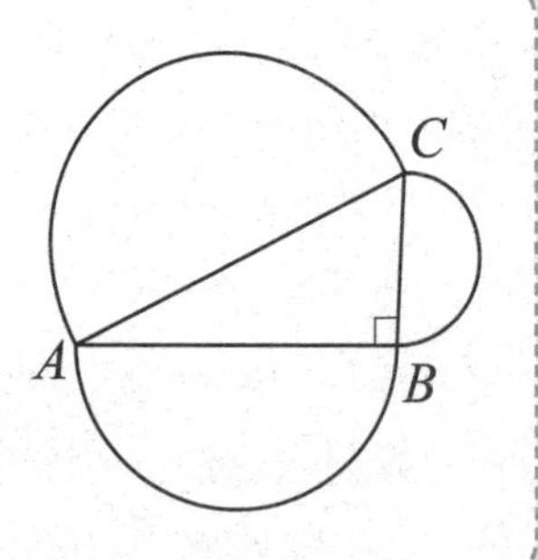

前人有误

小眼镜对商高说："您是我尊敬的数学家，但大地不是一个方方正正的大平面，而是一个球体，叫地球。"

"地球？"卫兵大笑说，"地要是个球，我们不就从球上滑下去了吗？笑话！"

小眼镜摇摇头，说："你们是搞不清楚3000年后的科学成就的。不过，商高先祖测日高所使用的数学原理是正确的。"

商高听小眼镜叫他先祖，十分奇怪。他问："小娃娃，你是哪个朝代的人？"

小眼镜说："我生活在公元2018年，距现在晚了3000多年。"

"噢！"商高眼睛一亮，"3000年后的人，还知道我发现的勾股定理吗？"说完，在地上画出一个直角三角形，并写出公式：

$$勾^2+股^2=弦^2$$

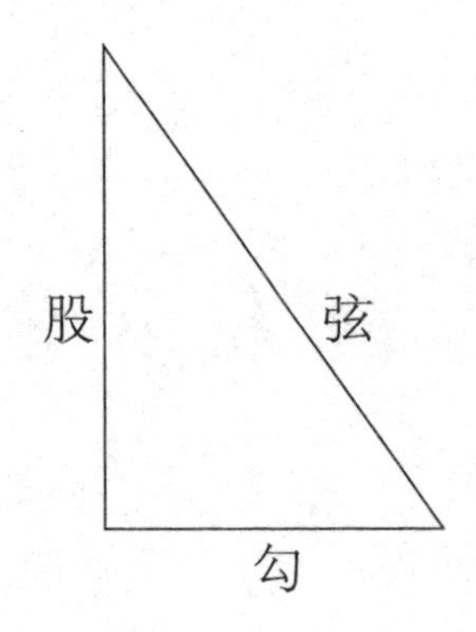

“知道，都知道。”小眼镜连忙说，“而且这个定理还以您的名字来命名，叫作商高定理。”

商高捋着胡须，放声大笑：“哈哈，3000 多年后的学子还记得我的这点贡献，我实在太高兴啦！”

告别了商高，小眼镜问时间大鹰：“下一个我们该访问的数学家是哪一位？”“刘徽。他是三国时期魏国人，是古代一流的大数学家。”时间大鹰边飞边介绍。

没过一会儿，时间大鹰在一座大宅院附近停了下来。大鹰说：“刘徽就住在这儿。”

小眼镜见院门大开，径直走进院内，看见一位中年人正在桌上聚精会神地画着什么。小眼镜向他鞠了一躬，问道：“您就是大数学家刘徽吗？”

中年人赶忙还礼，说：“我就是刘徽，大数学家可不敢当！”

小眼镜问："您在研究什么数学问题呀？"

"我在研究圆周率！"刘徽解释，"圆周率你懂吗？就是圆的周长和圆的直径的比。"

小眼镜点点头说："懂，懂。"

刘徽严肃地说："前人把圆周率取为 3，我认为是不对的。前人错误地把圆内接正六边形的周长当作圆的周长了。你看，当圆的半径是 1 的时候，圆内接正六边形的边长也恰好是 1，周长是 6，直径是 2，$\frac{6}{2}=3$。"

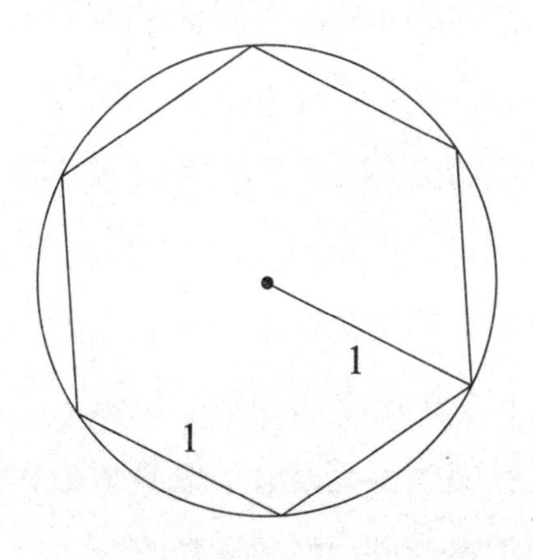

小眼镜问："您有什么求圆周率的好办法吗？"

刘徽十分肯定地说："有，割圆！"

割圆高手

“割圆？”小眼镜不太懂。

刘徽看小眼镜没听懂，就笑笑说：“你饿了吧？今天我请你吃大饼。”说完，他走进厨房，从里面取出一摞大圆饼。

小眼镜还真有点儿饿了，刚伸手想去拿大饼，刘徽便拦住他说：“慢。这样拿起来就吃，多没意思呀！”

小眼镜把手缩回去，咽了一下口水，问：“怎么吃饼才有意思？”

刘徽用刀在第一张圆饼中切出一个内接正六边形，然后把切下来的 6 小条弓形饼递给了小眼镜，说：“吃吧！”

小眼镜虽然嫌少，无奈肚子饿呀！他双手接过来，两口就吃完了。小眼镜说：“我还想吃。”

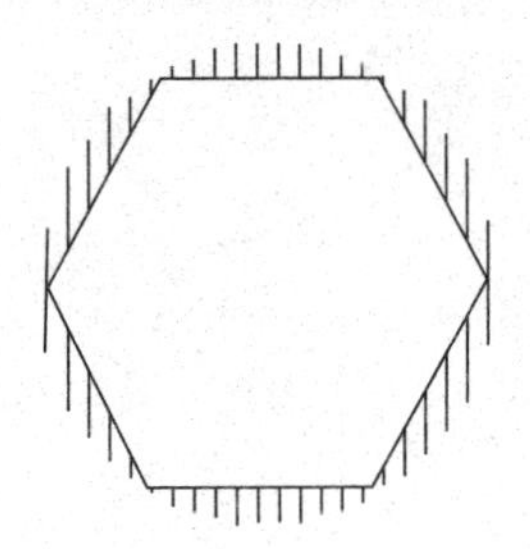

“咱们切第二张圆饼。”这次，刘徽在圆饼上切出一个圆内接正十二边形，然后将切出的 12 条又细又短的弓形小饼递给小眼镜，说：“吃吧！”

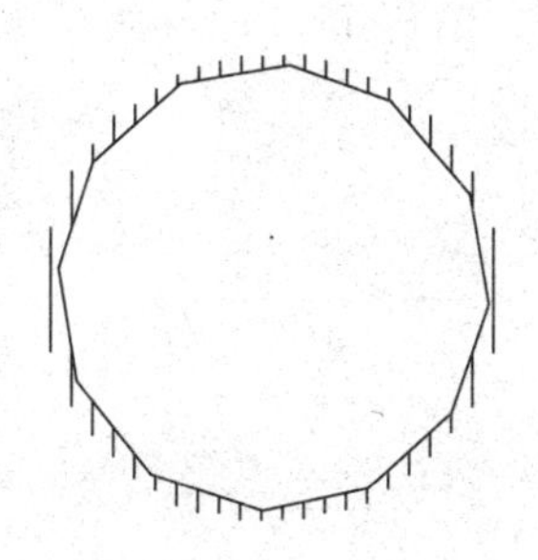

“啊！就这么点儿？”小眼镜一只手接过这 12 条小饼，一口就吞了下去。

刘徽说：“够不够吃？不够我再切第三张圆饼。”

“别切了，别切了。”小眼镜赶忙拦住他，说，“您这次肯定要切出一个圆内接正 24 边形，切下来的 24 条小饼，恐怕还不够我塞牙缝的哩！”

“哈哈！”刘徽笑着说，“小娃娃，你从我切饼中得到了什么启示吗？”

小眼镜摸着后脑勺想了想，说：“正多边形的边数越多，切下来的饼越少。”

“对极啦！”刘徽高兴地说，“前人用正六边形的周长来代替圆周长，这样做误差太大，求出的圆周率等于 3 也就不准确。如果用正 12 边形的周长去替代圆周长，求

出的圆周率肯定要更准确些。”

小眼镜抢着说：“如果用正 24 边形的周长来代替圆周长，误差就更小啦！用正 24 边形的周长去代替圆的周长，求出的圆周率会更准确些。”

“说得太对啦！”刘徽说，“我就是用这种每次边数加倍的方法，算出了圆内接正 192 边形的周长，并算出了圆周率等于 3.14。”

“3.14？原来书上把 3.14 叫作‘徽率’，就是纪念您的伟大成就呀！”小眼镜又问，“您用的这叫什么方法？”

刘徽答：“割圆术。”

小眼镜竖起大拇指，称赞说：“您不但饼切得好，更是割圆高手！”

掉进河里

提起圆周率，小眼镜想起了大数学家祖冲之，于是他对时间大鹰说，想见见祖冲之。

时间大鹰说：“祖冲之是南北朝时期的数学家，他生于公元 429 年，卒于公元 500 年，在南徐州（也就是今天的江苏省镇江市）担任过官职。我们就去那儿看看吧。”

小眼镜很想逛逛 1500 多年前的镇江市，就一个人在城里到处走走。街道两旁商店很多，人来人往，很是热闹。小眼镜走上一座小桥，忽然对面急匆匆走来一个年轻人。他边走边看一本书，可能是眼神不好，他的脸都贴到书本上了，所以根本看不见前面的路。

咚的一声，小眼镜和这个青年人撞了一个正着。小眼镜身子一歪，扑通一声掉进了河里。小眼镜是旱鸭子，不会游泳，在河里大喊：“救命！”几个过路人把小眼镜救了上来。

看书的年轻人赶紧赔礼道歉：“真对不起，请你到我家换件干衣服，休息一下。”

小眼镜摇摇头，说：“不用了，我还要去拜见大数学家祖冲之呢！”

“祖冲之？”青年人一愣，接着笑笑说，“找祖冲之就更应该去我家啦！”

“为什么？”小眼镜也一愣。

青年人说：“祖冲之是我父亲。”

“啊，你是大数学家祖暅！失敬！失敬！”小眼镜敬佩地紧紧握着青年的手。

青年人奇怪地问：“你怎么认识我？我可不是什么大数学家。”

小眼镜笑笑说：“现在你还年轻，过几年你就是鼎鼎有名的数学家啦！”几句话把祖暅说得更糊涂了。

小眼镜跟随祖暅回了家。祖冲之一见他们俩的模样，满脸怒气地问祖暅：“你是不是又边走路边看书了？”祖暅低头不语。

祖冲之对小眼镜说：“小朋友，你受惊了。祖暅就有这么个坏毛病。前几天，他也是边走路边看书，结果撞在了大树上。”小眼镜听了直乐，为了给祖暅摆脱窘境，他问祖冲之：“您能给我讲讲圆周率吗？”

祖冲之说：“我求出的圆周率在 3.1415926 与 3.1415927 之间，误差不超过一千万分之一。”

小眼镜双挑大拇指，说：“您计算的圆周率，在世界上领先了一千多年。大数学家刘徽用的是圆内接正 192 边形，您利用的是多少边形？”

祖冲之回答：“我利用的是圆内接 24576 边形。”

小眼镜瞪大眼睛惊叹道：“两万多边形！这要计算起来，多费劲哪！不过，圆周率是八位数，不太好记。”

祖暅插话：“我父亲还求出了两个分数形式的圆周率：一个是 $\frac{22}{7}$，大约等于 3.14，叫‘约率’；另一个是 $\frac{355}{113}$，大约等于 3.141592，比较准确，叫‘密率’。”

“$\frac{22}{7}$，$\frac{355}{113}$，嘿！这两个数果然好记多了。”小眼镜说，“您在数学上的成就为中国人争了光。月亮背面的一座山现在就被命名为‘祖冲之山’。”

祖冲之拍拍小眼镜的肩膀，说：“希望你也好好学数学，做出更大的贡献！”

“好！”小眼镜忽然非常想回到自己生活的时代，努力钻研数学。他向祖氏父子深鞠一躬，告辞出去了。

路遇诗仙

时间大鹰载着小眼镜往2018年飞去。随着大鹰的飞行，地上的一朝一代像放电影一样从小眼镜眼前掠过。

小眼镜正沉浸在回家的兴奋中，忽然看见前面有一个中年人。这位中年人手中拿着一把酒壶，边走边喝，还放声高歌。

小眼镜问："这是谁呀？"

大鹰答："是唐代大诗人李白。"

"李白？啊，快让我见见这位诗仙！"小眼镜急于见大诗人李白，大鹰停了下来。

小眼镜跑过去问："李大诗人，您喝了多少酒了？"李白笑了笑，随口说出一首打油诗：

李白提壶去买酒，遇店加一倍，见花喝一斗。

三遇店和花，喝光壶中酒。试问壶中原有多少酒？

"哈哈，好一个诗仙，您倒考起我来了，我来算算。"

小眼镜刚要算，忽然想到应该先把题目搞清楚。他问道：“大诗人，您的壶里原来就有酒，每次遇到酒店便将壶里的酒增加一倍；当您赏花时，您就要饮酒作诗，每饮一次喝去 1 斗酒。这样反复经过三次，最后喝光壶中的酒。您问我壶中原来有多少酒，是这样吗？”

李白点点头说：“正是此意。”

“您这个题还挺难，嗯……”小眼镜想了想，说，“我用倒推法解这道题。您第三次见到花时，将壶中的酒全部喝光了，说明您见花前，壶里只有 1 斗酒；进一步推出您第三次遇到酒店前，壶里有 $\frac{1}{2}$ 斗酒；按着这种推算方法，可以算出：

二次见到花前，壶里有 $1\frac{1}{2}$ 斗酒，

第二次见到酒店前，壶里有 $1\frac{1}{2}\div2=\frac{3}{4}$（斗）酒，

第一次见到花前，壶里有 $1\frac{3}{4}$ 斗酒，

第一次遇到酒店前，壶里有 $1\frac{3}{4}\div2=\frac{7}{8}$（斗）酒，

您一共喝了 3 斗酒。”

李白晃了晃手中的酒壶，说：“我还想喝，我再去找个酒店。”

小眼镜劝阻说：“诗仙，您都喝了 3 斗酒了，不少了。

再说，您就是遇到酒店，人家也不会卖酒给您呀！”

李白吃惊地问：“这是为何？”小眼镜解释说：“您想啊！遇店加一倍，就是说遇到酒店就把壶中的酒量乘以2。”李白点头说：“对。”小眼镜拿过酒壶晃了晃，说：“您现在的酒壶是空的，酒量为0，$0\times2=0$，就是加倍也还是空壶呀！”“啊呀！没有酒喝，我如何作诗呀？”李白很着急。

李白眼珠一转，从怀中掏出一些碎银，对小眼镜说：“小娃娃，你去替我买壶酒来，回来咱们两个对饮，你看如何？”小眼镜连连摆手说：“不成，不成。学生不许喝酒，再说我急着回家，没有时间啦！再见了，大诗人！”

小眼镜笑着对大鹰说：“虽然取消了科举制度，状元是没地方考了，但我一定要成为一个有用之材！”时间大鹰载着小眼镜急速向 2018 年飞去。

知识点解析

倒推法

故事中，“诗仙”李白的打油诗是求壶中原有多少酒，采用顺向思维，反而不容易算出结果，如果采用倒推法就容易理解。倒推法的思维和运算都和顺向思维相反，从最后的条件或结论出发，向前一步一步推理，不可跳过一步，还要正确使用逆运算，有时还要注意恰当地使用括号。

考考你

李白说：“用我的年龄的一半加上我喝的酒的数量，再乘上 5，最后再减半，我就到了花甲之年。”请问李白今年多少岁？

黑森林历险

智擒人贩子

小派是个聪明机灵、乐于助人的小男孩。他喜欢数学，和数学有关的东西他都喜欢去钻研。他非常爱看课外书，看起来还特别容易入神，随着故事情节的发展，他和书中的主人公同欢乐，共悲伤。看，寒假的第一天，小派就捧着一本《明明历险记》看得入神啦。

“啪！”小派用力拍了一下桌子，“大坏蛋钱魁为了发财，把明明和其他小朋友骗走了，还要把他们像牲口一样卖掉，我绝不能袖手旁观，我要想办法把这些小朋友救出来！”

说也奇怪，书上原来有一张插图，画的是大坏蛋钱魁正在哄骗明明和另外几个小朋友去黑森林里逮野兔。不知怎么搞的，画中的景物和人物忽然都动了起来——风在吹，树叶在动，小朋友在笑。

钱魁用沙哑的声音在讲话：“小朋友，我要带你们去的那个大森林，那儿野兔可多啦！你拔几把青草，在树底下一蹲，野兔就会自动跑来吃你手中的草，你想捉几只就可以捉几只，好玩极啦！”

明明高兴地又蹦又跳：“快带我们去吧！”

不知怎么搞的，小派也进入了画面。钱魁回头看见了小派，心想：又来了一个上当的！他冲小派说：“喂，这位小朋友，你想不想去逮野兔呀？”

小派随口答道：“想去。”

钱魁一招手，说：“咱们一起去吧！”说完，他领着大家朝一条小路走去。

明明主动向小派伸出右手：“我叫明明，今年五年级，喜欢文学，爱看小说，认识你很高兴！”

小派紧握着明明的手说：“我叫小派，今年六年级，喜爱数学，爱看课外书，很愿意和你交朋友！”

钱魁回头喊：“你们俩还磨蹭什么？去晚了野兔都叫别人逮走了。”

小派装着系鞋带，小声对明明说：“这个钱魁是个人贩子，他想把咱们骗走，然后卖掉！”

“啊！那咱们俩快跑吧！”明明听后吓了一跳。

“不成！咱们俩跑了，那几个小朋友怎么办？他们还会被卖掉的。”小派紧握双拳说，“咱们要把这个坏蛋抓起来，送公安局！”

钱魁跑过来对小派吆喝说：“你这个小孩真麻烦，系个鞋带系这么半天，快走吧！”

小派干脆一屁股坐在地上不走了，说：“我看你这个人，长得挺大的个子，可是有点傻。跟你这么个傻乎乎的人去逮野兔，能逮着吗？”

钱魁一听小派说他傻，立刻把眼睛瞪圆了：“什么？我傻？谁不知道我钱魁聪明过人？大家都说如果我身上粘上毛，我比猴儿还精！”

小派从口袋里掏出一张纸和一支红蓝两色圆珠笔，说：“我们 8 个小朋友加上你共 9 个人，每个人用这支双色圆珠笔在纸上写‘捉野兔’3 个字，每个字必须用同一种颜色的笔写，3 个字的颜色可以一样，也可以不一样，但至少每两个字的颜色必须一样。我们 8 个小孩先写，你最后写。我敢肯定，你写的三个字的颜色一定和我们之中某个人的相同。”

钱魁把脖子一梗，说：“我不信！”

小派把双色笔递给了明明。明明用红笔写了“捉野兔”3 个字。其他小朋友依次写了这 3 个字，但是颜色都不一样：蓝红红，红蓝红，红红蓝……

小派趁钱魁不注意，悄悄对明明说：“我拖住这个坏蛋，你赶快去找警察！”

8 个小朋友都写完了，双色圆珠笔传到了钱魁手里。他把 8 个颜色不同的“捉野兔”端详了半天，犹犹豫豫地写出了“捉野兔”3 个字，颜色是蓝红蓝。一个小朋友指着自己写的字说：“你这 3 个字的颜色和我的一样。”

钱魁一看，果然一样。他又换颜色写了 3 个字，另一个小朋友说：“你写的字颜色和我的一模一样。”钱魁一连写了几次，次次都和某个小朋友写的颜色重复。

“啧啧。”小派故意撇撇嘴说，“我说你有点傻，你还不服气。看看，你写字用的颜色，总跟我们小孩子学，是不是有点傻？”

钱魁挠挠脑袋说：“真是怪事，我怎么写不出颜色和你们不一样的字呢？算啦！咱们还是逮野兔去吧！”

钱魁一回头，发现明明不见了，忙问小派：“喂，你知道明明到哪儿去了吗？”

“他可能去方便了。”小派拉住钱魁说，“其实你一点儿也不笨。因为用两种颜色写 3 个字，最多只能写出 8 种不同颜色的字来，你第 9 个写，当然和前面写的重复了。”

钱魁摇摇头说："我怎么听不懂啊！"

小派在纸上边写边讲："我用 0 代表红色字，用 1 代表蓝色字，那么用红蓝两种颜色写'捉野兔'3 个字，只有以下 8 种可能：

0、0、0，即红、红、红；

1、0、0，即蓝、红、红；

0、1、0，即红、蓝、红；

0、0、1，即红、红、蓝；

1、1、0，即蓝、蓝、红；

1、0、1，即蓝、红、蓝；

0、1、1，即红、蓝、蓝；

1、1、1，即蓝、蓝、蓝。

这好比有8个抽屉，每个抽屉里都已经装进了一件东西，你再拿一件东西往这8个抽屉里装，必然有一个抽屉里装进了两件东西。"

钱魁忽然凶相毕露，一把揪住小派的衣领，恶狠狠地说："好哇！你是在耍把戏骗我，快说，明明到哪儿去了？"

"我在这儿！"随着明明一声叫喊，两辆警车飞快驰来，几名警察从车上跳下来，立刻把钱魁逮捕了。

知识点解析

抽屉原理

故事中用两种颜色写3个字，如果A代表红色，B代表蓝色，有AAA，AAB，ABA，ABB，BBB，BAB，BBA，BAA共8种情况，9个人中至少会有两个人情况相同。这属于抽屉原理（也叫鸽巢问题）。抽屉原理最简单的模型是：3个苹果放进两个抽屉里面，至少有一个抽屉有2个或2个以上的苹果。解答抽屉问题，关键是找出“苹果”有多少个，“抽屉”有多少个。

考考你

小眼镜学校食堂午餐有米饭、面条、馒头、花卷4种主食，有红烧排骨、番茄鸡蛋、宫保鸡丁、鱼香肉丝、清炒小白菜5种配菜，如果每个同学只能选一种主食和一个配菜，小眼镜班上有21名男生，请你证明21名男生中至少有两名同学选的主食和配菜相同。

右手提野兔的人

捉住了人贩子钱魁，警察就地审问。钱魁老实交代，他原打算把骗来的孩子交给一个右手提一只野兔的人，每个小孩卖 5 万元，一手交钱一手交人。警察再追问，这个买小孩的人长什么样儿。钱魁说他没见过，他又交代了接头地点、接头暗语。

小派说："咱们就算抓住了那个右手提野兔的人，他要是死不承认，咱们又拿不出证据，还是不能逮捕他呀！"

"说得有理！"王警官点点头说，"你有什么好主意吗？"

小派把王警官上下打量了一番："你就假扮成人贩子钱魁，领着我们去找那个买小孩的坏蛋，在一手交钱一手交人的时候当场捉住他！"

"好主意！"王警官亲切地摸了摸小派的头，然后走到已被押上警车的钱魁身边说，"把你的外衣脱下来！"王警官脱下警服，穿上钱魁的衣服，带着 8 个孩子向黑森林走去。

走近黑森林，小派连呼上当。原来黑森林附近有许多卖野兔的人。他们都是右手提着野兔的大耳朵，左手招呼过路的人，夸耀自己的野兔又肥又大。

王警官小声对小派说：“这么多右手提野兔的，咱们找谁呀？”

小派无可奈何地摇了摇头。突然，小派听到了一阵极其轻微的呼救声：“救命啊！救命啊！”小派感到十分吃惊，他四处张望，可是没发现有人喊救命。

小派又往前走了几步，“救命啊”的声音又传来了。这次小派听清楚了,是那些被人们提在手上的野兔在呼救。“我能听懂野兔的语言！”小派心里别提多高兴了。

当王警官领着 8 个小朋友，走到一个又矮又胖的人面前时，小派听到他右手上的野兔在大声喊叫：“哎哟，疼死我喽！你这个该死的胖子，怎么忽然用力捏我的耳朵呢？”

小派立刻站住，拉了一下王警官的袖口，冲矮胖子努了努嘴。王警官点了点头，径直向矮胖子走去。

王警官用左手指着矮胖子手中的野兔问：“好大个儿的野兔，它咬人吗？”

矮胖子笑眯眯地说：“这兔子是专门给孩子玩的，怎么会咬人呢？”暗语接对了，王警官把右手五指张开伸过去，问："还是这个数？"

矮胖子摇了摇头，似笑非笑地说："这次是个大买主，他说要智商高的，特别是数学要好。只要自身条件好，一个给八万十万都成。"

王警官眼珠一转，问："你知道哪个小孩的智商高？"

"可以考一考嘛！"矮胖子从口袋里掏出一张纸，对孩子们说，"我这儿有道题，看看你们 8 个小孩谁会答。谁答对了，我就把这只又肥又大的野兔送给谁。"

明明一把抢过题纸，说："我先看看。"明明边看边读道：

聪明的孩子，请你告诉我，什么数乘以 3，加上这个乘积的$\frac{3}{4}$，然后除以 7，减去此商的$\frac{1}{3}$，减去 52，加上 8，除以 10，得 2？

明明皱着眉头想了想，摇摇头说："课堂上没做过这样的题。"其他几个小朋友挨着个儿把题目看了一遍，都说不会。

题目传到了小派手里，他心算一下，从容地回答："这个数是 128。"

听到这个答案，矮胖子眼睛一亮，他走到小派面前，把小派上下打量了好半天，然后点点头说："嗯，有两下子。

你能把解题过程给我讲讲吗？”

“可以。用反推法来算，从最后结果 2 开始。”小派边说边写，“反推法的特点是：题目中说加的，你就减；题目中说乘的，你就除：

得 2，2；

除以 10，2×10；

加上 8，$2\times10-8$；

减去 52，$2\times10-8+52$；

减去此商的$\frac{1}{3}$，$(2\times10-8+52)\times\frac{3}{2}$

除以 7，$(2\times10-8+52)\times\frac{3}{2}\times7$

加上这个乘积的$\frac{3}{4}$，$(2\times10-8+52)\times\frac{3}{2}\times7\div(1+\frac{3}{4})$；

乘以 3，$(2\times10-8+52)\times\frac{3}{2}\times7\div(1+\frac{3}{4})\div3$

你要求的数就是：

$(2\times10-8+52)\times\frac{3}{2}\times7\div(1+\frac{3}{4})\div3$

$=64\times\frac{3}{2}\times7\times\frac{4}{7}\times\frac{1}{3}=128$。”

矮胖子提了个问题：“原来说‘减去此商的$\frac{1}{3}$，你怎么乘$\frac{3}{2}$呢？这步做错了吧？”

小派十分肯定地说：“没错！为了简单起见，可以设除以 7 之后的得数为 m。按照正常的顺序，再进行下几步，可以列出这么一个算式：$(m-\frac{1}{3}m-52+8)\div10=2$，倒推回去就得 $m=(2\times10-8+52)\times\frac{3}{2}$。”

矮胖子高兴得直拍大腿：“好，好。我就要这位小朋友了！给，这只野兔归你了。你跟我到黑森林里去玩玩吧！那是一片原始森林，里面树高林密，小动物可多了，非常好玩。”

小派问：“这些小朋友都去吗？

矮胖子摇了摇头，说：“人多了我照顾不过来，我先带你去玩，回头我再带他们去。”

小派想了想，说：“好吧，我跟你去。不过，我要给妈妈写封信，免得她惦念我。小派用极快的速度写了几行字，交给王警官：“劳驾，把这封信带给我妈，让她放心。”

王警官把信看了一下，点了点头说：“你放心！”

“再见啦，朋友们！”小派把野兔送给了明明，跟着矮胖子向黑森林深处走去……

蚂蚁救小派

矮胖子领着小派在阴暗的森林里绕来绕去，三四个小时过去了，他们还没到达目的地。这时，小派又累又害怕，不由得问："这是什么地方？你带我来干什么？"

"别问了，一会儿你就知道了。"矮胖子说完，把右手的拇指和食指放进嘴里，吹了个长长的响哨。

过了一会儿，只见一个又瘦又高的老头儿和两个彪形大汉从树林中走出来。这个老头面色黝黑，身着黑衣黑裤，年纪约六十岁。矮胖子马上向老头儿点头哈腰，靠近老头儿低声讲了些什么。然后他转过身来对小派说："这是黑森林的主人，大名鼎鼎的'黑狼'，他想收你做干儿子，你小子可要识相点儿！"

小派万万没有想到，矮胖子领他进黑森林，是让他当大恶魔"黑狼"的干儿子。小派心里这个气呀！可是转念一想，自己这次来的目的，是要弄清这个贩卖儿童的犯罪团伙的底细，也只好把气往肚子里咽。

"黑狼"把小派上下打量了一番，慢悠悠地说："听说你很聪明，数学很好，不知你的胆量如何？”说完，他向两壮汉使了个眼色。两壮汉从树林中抬来一只小黑熊。

“黑狼”从小腿处拔出一把雪亮的匕首递给小派：“你用这把匕首，把这只小黑熊的胆取出来，熊胆可以卖个好价钱哪！然后把四只熊掌砍下来，晚上咱们吃清炖熊掌，这可是道名菜。”说完，带着矮胖子、两个壮汉走了。

小派想用匕首把绳子割断，放走小黑熊。没想到小黑熊小声对小派说：“千万别这么做！你割断绳子，不仅我

跑不了，你也要遭殃！‘黑狼’的打手们正躲在暗处监视你呢！”

“让我想想办法。”小派用食指敲打着脑门儿。不一会儿，他小声对小黑熊说：“我拿匕首假装割你的肚皮，取你的胆。你大声呼叫你的父母，叫他们来消灭隐藏着的打手。怎么样？”小黑熊点点头说：“就这么办！”

躲在暗处的两名打手见小派趴在小黑熊身上半天没起来，正觉得奇怪，想走过去看个究竟时，忽然听到背后有响动。两人掏出枪刚一回头，只见两只巨大的狗熊走了过来。狗熊给了每个打手一巴掌，两人立刻晕过去了。

小黑熊看见亲人救它来了，对小派说：“割断绳子，咱们赶快逃走！”小派迅速割断绳子，和小黑熊一起逃走了。

在黑森林里赶路，小派跑不过狗熊，慢慢地就落到了后面。走着走着，一个大铁笼子忽然从树上落下来，一下子把小派罩到里面。

小黑熊和它的双亲返身相救，突然，树上传出一阵笑声，这笑声比猫头鹰的叫声还难听。听到这吓人的笑声，三只狗熊扭头就跑，树上的鸟儿都不敢歌唱。小派抬头向上看，什么也看不见，只觉得周围死一般的寂静。小派只好在铁笼子里转圈儿。

这时，一只小蚂蚁爬了进来，小派对蚂蚁说：“你能帮助我逃出铁笼子吗？”

蚂蚁头也不回地往前走，嘴里嘟囔着说：“让我帮你？谁来帮助我呀？过一会儿再堆不起来，我的小命就完啦！”

“你堆什么呀？我能不能帮帮你？”小派诚心诚意地问。

“你帮我？”蚂蚁看着小派，迟疑地说，“那就试试吧！我们找到了 45 个圆柱形的虫蛹，蚁后叫我把它们堆放整齐，可是我怎么也堆不整齐，蚁后生气了，说如果再堆放不好，就要处死我！”

“总共45个虫蛹,这好办！你先把9个虫蛹排成一排，两边用小石头垫好，别让它们滚动。然后在它们上面堆上 8 个虫蛹，就这样每层少放一个，一直往上放，最后堆放成一个三角形的垛。”小派在地上画了个图。

蚂蚁盯着小派画的图，摇摇头说：“这是 45 个吗？我看怎么不够数啊？”

“你不信？我可以再画一个同样的三角形，和它倒着对接。这样一来，横着数每行都是 10 个虫蛹，一共 9 行，总共是 $10\times9=90$（个）虫蛹。一半不就是 45 个吗？”小派这么一讲，蚂蚁信服了。

蚂蚁说："我回洞按你的方法试一试，如果真能堆放整齐，我就想办法救你。"说完，快步爬进洞里去了。

过了一会儿，那只蚂蚁领着蚁后钻出了洞，蚂蚁指着小派说："是他教我这样堆放的。"

蚁后说："多聪明的孩子呀！咱们一定要想办法把他救出来。"

这时，两名"黑狼"的爪牙走了过来，其中一个留着大胡子、长着满脸横肉的家伙厉声对小派说："我们的头儿想收你做干儿子，是你小子的运气，你别不识抬举！"

另一个干瘦干瘦的家伙，尖声尖气地说："你如果不答应，就让你在笼子里饿死！"刚说到这儿，两个人不约而同地大叫："痛死我啦！"小派仔细一看，原来是一群蚂蚁正顺着这两个人的裤腿往上爬，在这两个人身上一通乱咬，痛得两个人满地打滚。

得到小派帮助的那只蚂蚁爬进来告诉小派："你对他们俩说，要立刻把你放了，不然就把他们俩咬死！"小派把这话重复了一遍，两名爪牙实在受不了了，站起来拉动绳子，把铁笼子升了上去，小派脱险了。

中了毒药弹

随着一声怪笑，“黑狼”从树上跳了下来。“黑狼”对小派说：“我非常喜欢你。你不但聪明过人，还能听懂鸟兽的语言。你今天做我的干儿子，明天就是黑森林的霸主！”

“哼，谁稀罕给你这个恶魔做干儿子？谁想当霸主？我要回去上学！”小派说完，扭头就要走。

唰的一声，“黑狼”亮出了手枪。他恶狠狠地说：“你再敢向前一步，我就打死你！”

小派把脖子一梗，说：“你就是打死我，我也不当你的干儿子！”说完迈开大步就走。

砰的一声枪响，小派觉得哪儿也不痛，怎么回事？这时，呼的一声，一只大鸟从树上掉了下来。小派跑过去一看，啊，是珍稀鸟类——褐马鸡。小派把褐马鸡抱起来，发现它已经中弹死了。

小派怒不可遏，指着“黑狼”说：“你竟敢杀死受法律保护的褐马鸡，你应当受到法律的制裁！”

“法律？哈哈……法律还管得了我？”说完，“黑狼”一抬枪，砰砰砰又是三枪，三只野鸡应声落下，矮胖子赶紧跑过去把野鸡拾了起来。

“黑狼”收起手枪说：“这褐马鸡不好吃，肉发酸。烤野鸡才香呢！”

矮胖子小声对“黑狼”说：“这小子居然敢不答应做您的干儿子，怎么办？”

“这小子有性格，我很喜欢。还是使咱们的绝招儿吧！不怕他不就范。”看来“黑狼”对制服小派充满信心。

矮胖子点点头，快步追上小派，猛地将小派的上衣往上一撸，露出他的肚皮。

小派挣扎着喊叫：“你要干什么？”

“黑狼”狂笑了几声，把手枪又掏了出来，但他并没有开枪，而是向手枪里压进了一颗红头子弹，然后才把枪口对准小派的肚皮。

小派两眼一闭，心想：这下可完了。听人家说红头子弹是“炸子”，进入人的身体以后就要炸开。看来，这一枪非把我的肚子炸出一个大窟窿不可。

砰的一声枪响，小派觉得自己的肚脐眼儿钻进了一个什么硬东西，痛得他“哎呀”一声。

“黑狼”收起枪，哈哈一阵怪笑：“我把这颗毒药弹打进你的肚脐眼儿，药力会慢慢地扩散到你的全身，那滋味别提有多难受啦！当你受不了的时候，你会大声叫我干爹的，哈哈……”一阵狂笑后，“黑狼”带着一伙匪徒走了。

突然，小派觉得渴得要命，大声叫道：“水，水，渴死我了！”

听到小派的叫声，小黑熊用半个西瓜皮装着河水跑来了。小派一口气把水都喝下去了。他用左手抹了一下嘴角，右手把半个西瓜皮又递给了小黑熊：“我还要水喝！”小黑熊点点头，一溜小跑打水去了。小派一连喝了三瓜皮水，把肚子胀得像半个圆球。

好容易不太渴了，突然，小派又觉得全身发热，把上衣、长裤都脱了还是热。小黑熊打来清凉的河水浇到他身上，还是不成。小派这时候才明白，是打进肚脐眼儿里的红色毒药弹在发挥毒性。

必须把这颗毒药弹取出来！小派动手抠，不成，抠不动。小黑熊力气大，想把毒药弹取出来，也没成功。怎么办？灰喜鹊在树上喳喳乱叫，自言自语地说：“大坏蛋‘黑狼’为什么总要把毒药弹射进人的肚脐里呢？”

“这里面可有大学问。”小派忍着难受说，“因为肚脐眼儿是人体的黄金分割点。”

“黄金分割点？黄金分割点是什么呀？”灰喜鹊听

不懂。

小派解释说："从人的头顶到脚底的长度设为 l，从肚脐眼儿到脚底的长度设为l'，这时比值$\frac{l'}{l}$大约等于 0.618。数学上，把一条线段能分成这样的两段的点叫作'黄金分割点'，这种分割叫'黄金分割'，把 0.618 叫作'黄金数'，灰喜鹊，你明白了吗？"

灰喜鹊摇摇头说："他把毒药弹射入你身上的黄金分

割点，有什么特殊作用？”

“我想，它的作用是可以使毒性更快地扩散到我的全身。”小派刚说到这儿，忽然全身冷得发抖，小黑熊把小派紧紧搂在怀里，用身体给他取暖。

灰喜鹊飞到小派的肩膀上，说：“啄木鸟是树木的医生，它的嘴坚硬无比，多硬的树皮它都能啄出一个洞来。我想让啄木鸟把你肚脐眼儿里的毒药弹啄碎，然后取出来。”

小派一琢磨，这是个好主意，就强忍着痛苦露出自己的肚脐眼儿。啄木鸟两只一组，开始啄那颗红色毒药弹。一组啄木鸟累了，换另一组；这一组啄木鸟累了，再换上一组。“只要功夫深，铁杵磨成针”，这颗红色毒药弹硬是被啄碎了。啄木鸟又把啄碎的毒药弹片都取了出来，小派立刻恢复了常态。

小派忽然灵机一动：“啄木鸟，你们能不能把褐马鸡身体里的子弹也取出来？”

灰喜鹊说：“它已经死啦！”

“死了也请你们试一试！”

“我们试试吧！”啄木鸟开始给褐马鸡取子弹，没多久工夫，子弹被取了出来。说也奇怪，子弹刚被取出来，褐马鸡噗的一声从小派手中飞了起来，啊，褐马鸡又活了！

褐马鸡在鬼门关上走了一遭又回来了，十分兴奋："好个'黑狼'，你打死了我们多少伙伴。褐马鸡可不是好惹的，我们有极强的战斗力。中国古代的武将，帽子上就插有我们褐马鸡的尾羽，表示英勇善斗。走，找'黑狼'算账去！"

梯队进攻

好斗的褐马鸡站在高处一声鸣叫，一大群红脸颊黑颈深褐色羽毛的褐马鸡呼啦啦地飞来了。众褐马鸡听说要去找“黑狼”讨还血债，都十分兴奋，鸣叫声此起彼伏。

灰喜鹊说：“我知道‘黑狼’的老窝在哪儿，我带你们去！”

小派忙拦住它：“慢着，‘黑狼’手下有多少名匪徒，我们还不清楚，他们手中都有枪，而且枪法都很准。我们这样一窝蜂地去攻击他们，恐怕损失会很惨重的！”

“我们要战斗，我们不怕死！”褐马鸡群情绪激昂，不听劝阻。

小派伸开双臂拦住它们：“不能蛮干！褐马鸡在地球上已经为数不多了，人们想尽一切办法保护你们，我不能看着你们去送死！”

“怕死就不是褐马鸡！勇敢的斗士们，咱们向‘黑狼’去讨还血债，冲啊！”褐马鸡群起飞了。

小派知道，现在不让褐马鸡去战斗是不可能了，只能尽量减少它们的伤亡。

小派挥舞着双手大叫：“我同意你们去进攻‘黑狼’，但要讲究进攻的策略！”

听到小派的叫声，褐马鸡都落了下来。那只死而复生的褐马鸡问：“你说该怎样去进攻？”

“应该由少到多，分若干个梯队去进攻。”小派边画边说，“要把每个梯队编成三角形模样，一个角冲前，有极强的冲击力。第一梯队只安排一只褐马鸡，第二梯队 3 只，第三梯队 6 只，第四梯队 10 只，如此下去。”

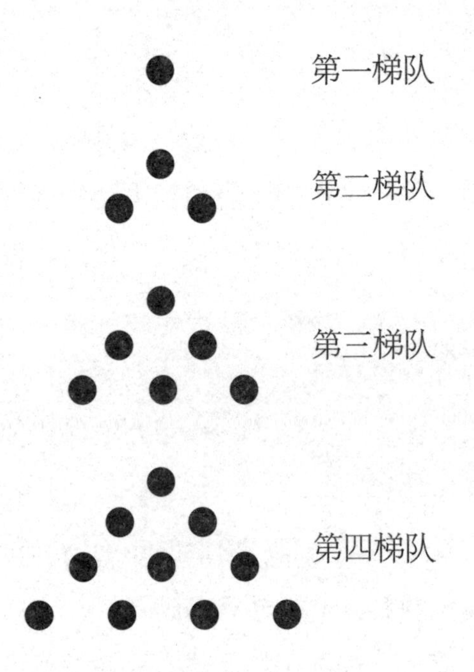

褐马鸡都高兴极了："这队形多漂亮啊！天上的飞机也这样排队飞行！"

小派继续说："这种排法能使'黑狼'感到飞来的褐马鸡一队比一队多，摸不清究竟有多少褐马鸡，从而产生心理压力！"

褐马鸡高兴地扑扇着翅膀，一个劲儿地鸣叫。

小派说："相邻两个梯队之间要隔开一段时间进攻，不然的话，就显不出梯队的威力了。"小派心想，我让大群的褐马鸡留在后面，一旦进攻失败，还能把大部分褐马鸡保护下来。

一只褐马鸡提出一个问题："我们总共有 56 只，可以编成几个梯队呀？"

"这个……"这个问题把小派难住了，他低着头琢磨了一阵子。突然，小派一拍脑袋说："有啦！"

小派先画了三个正方形，然后说："第一梯队和第二梯队合在一起，正好组成 2×2 的正方形，$2\times2=2^2$；第三、第四梯队合在一起组成一个 4×4 的正方形，$4\times4=4^2$；第五、第六梯队合起来组成一个 6×6 的正方形，$6\times6=6^2$……这样组成的正方形都是偶数的平方。"

小黑熊跑过来说："我也会算，$2^2+4^2+6^2=4+16+36=56$，哈，你们褐马鸡正好能编成 6 个梯队！"

6个三角形梯队很快就编好了。那只死而复生的褐马鸡报仇心切，争着加入了第一梯队。它率先起飞，在灰喜鹊的引导下，直向“黑狼”的老窝飞去。

“黑狼”正和矮胖子一边吃着烤野鸡，喝着酒，一边聊着天。

矮胖子咬了一大口野鸡肉，边嚼边说：“现在那个叫小派的孩子正在受折磨呢！一会儿冷，一会儿热，一会儿渴，一会儿饿，到头来还是要大声叫干爹救命！哈哈……”

“黑狼”十分得意，呷了一口酒，说：“我这个绝招儿从来没失败过！从咱们手中卖出去的孩子不下几十个，哪个敢不听话？胖子，等把咱们手头这几只老虎、狐狸、天鹅卖出去，你再去骗几个孩子来卖。完了咱们再买卖一批毒品。”刚说到这儿，一只褐马鸡从天而降，直奔“黑狼”的右眼啄去。“黑狼”也身手不凡，用右手遮住右眼，左手把手枪掏了出来。

“黑狼”虽说保住了自己的右眼，但右手被褐马鸡啄出了一个小洞，鲜血直流，痛得他哇哇乱叫。

褐马鸡缠住“黑狼”不放，见肉就啄，“黑狼”身上已几处出血。砰的一声枪响，褐马鸡中弹了，临死前还用爪子在“黑狼”手上抓出几道血沟。

“黑狼”一直在黑森林里称王称霸，何时吃过这种亏！

他恶狠狠地朝已经死去的褐马鸡连开数枪。

突然，一队三只褐马鸡飞来，向“黑狼”发起进攻。“黑狼”慌得连连开枪。这时，枪声惊动了其他匪徒，他们也向褐马鸡连连开枪，掩护着“黑狼”撤退。三只褐马鸡虽然身负重伤，但是它们仍然继续战斗，直至死亡。

四队褐马鸡都战死了，小派大喊一声：“停止进攻！已经伤亡了 20 只褐马鸡，不能再蛮干啦！”

与狼同笼

小派一看，褐马鸡这样进攻下去必将全军覆没，立刻下令停止进攻。小派正低头琢磨下一步的对策，“黑狼”的一群打手把他围在了中间。这群打手围成一个正方形（人数分布如图），他们个个手持武器，大声叫喊着让小派投降。

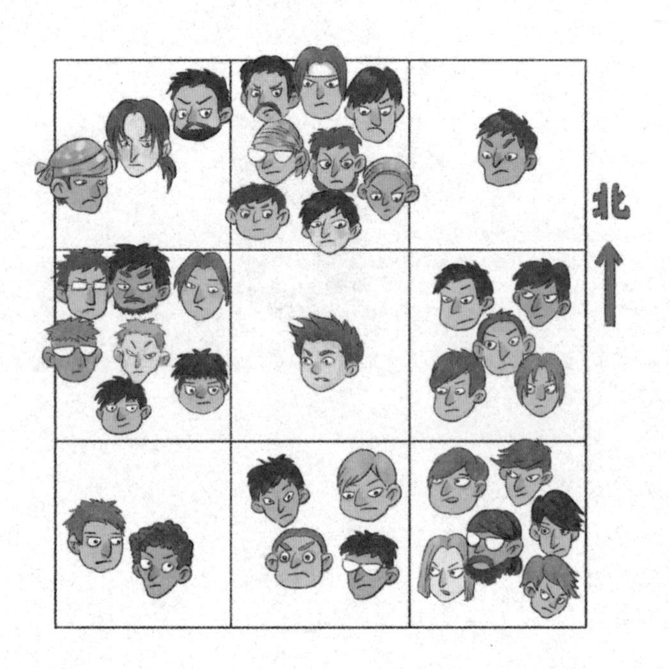

“要冲出去！”小派先向北边冲。正北边有 8 名打手，东北角有 1 名打手，西北角有 3 名打手。他们看小派朝北冲来，就立刻向中间靠拢。12 个打手站在一排，12 支枪对准小派，大喊：“往哪儿跑！”

小派一看向北冲不成，转身向南冲，站在南边的三伙人往中间一靠拢，不多不少也是 12 个打手。小派向东西两个方向也做了试探，每个方向也都是 12 名打手。

“哈哈……”随着一阵怪笑，“黑狼”走了出来，他对小派说，“你落入了我的迷魂阵。不管你往哪个方向冲，都有 12 名枪手阻拦你，可是枪手的总人数并不是 48 个；虽然你数学不错，但其中的奥妙你是不会知道的。”

小派说：“你不过玩了个三阶幻方的小小把戏。原来是用 0 到 8 这 9 个数排成 3×3 的方格图，不管你是横着加、竖着加，还是斜着加都是 12。你只不过是把各行的次序对换了一下，有什么不起？”说完，小派在地上写了一行算式，画了一个图：

$$1+2+3+4+5+6+7+8=36$$

3	8	1
7	0	5
2	4	6

“一共有 36 名打手，对不对？”小派这一番话，说得“黑狼”一愣。

“对，对，好小子，你还真有两下子！我很喜欢你，非要你当我的干儿子不可！”“黑狼”两只眼死死盯住小派。

小派坚定地回答：“‘黑狼’，你死了这条心吧！我怎么会给你这样的坏蛋当干儿子呢？”

“哼，还敢嘴硬，把他关进我爱狼的笼子里，等我的爱狼醒来，让它教训教训他！”“黑狼”一挥手，上来两个彪形大汉，他们架起小派来到一个大铁笼子前，笼子里一只 1 米多长的灰狼正趴在一边睡觉，一个打手打开笼子门，把小派推了进去。

“黑狼”冷笑着说：“我刚给我的爱狼注射了点儿毒品，它瘾劲儿还没过去。它已经两天没吃东西了，等它醒过来，可要吃你的肉。咱们先走！”“黑狼”带着一群打手走了。

面对着这么一只大灰狼，小派心里还真有点儿害怕。小派心想：一个机智的少年不会等着让狼吃掉，我要想办法保护自己！这时跑来两只小猴，它们俩对小派说：“可恨的‘黑狼’把你放进狼笼子里，你非被它咬死不可。要我们帮忙吗？”

小派想了一下，说：“你们俩去找一根结实的长绳子来！”两只小猴答应一声就跑了，没过多久，它们用树棍抬来一捆绳子，小派把绳子从铁笼子两边穿进来，一头儿拴在大灰狼的脖子上，测好了距离，另一头儿拴在自己的腰上，这样把绳子拉紧后，小派和大灰狼相距约 1 米。小派把多余的绳子扔出铁笼外。

绳子刚刚拴好，大灰狼睁开了双眼，它一看见小派，便呼的一下从地上爬了起来，两眼发出凶光，不住地嗷嗷乱叫。突然，灰狼身子往下一低，扑向了小派。这时，绳子把小派猛地往后拖，一直拖到铁笼子角上。小派死死抱住铁栏杆，这样绳子的一头固定了，尽管大灰狼拼命往前扑，无奈绳子已经拉紧，绳子的另一头紧勒它的脖子，它怎么也够不着小派。

大灰狼急红了眼，小派仍嬉皮笑脸成心气它。慢慢地，大灰狼也发现了，自己越用力往前扑，拴在脖子上的绳子勒得越紧，它越喘不过气来。大灰狼往后退了两步，想喘口气再往前扑。它这样一退，小派不乐意了，赶紧向大灰狼迈了两大步，刚刚松弛的绳子立刻又勒紧了，大灰狼又感到喘不过气来。

大灰狼和小派在铁笼子里斗了起来，你进我退，你退我进，不管怎么折腾，大灰狼与小派的距离总保持在 1 米左右，小派总不让绳子松下来，大灰狼总得不到喘息的机会。小派与大灰狼的这番“表演”，两只小猴子看得可高兴了。它们俩在笼子外面又蹦又跳，一个劲儿地给小派加油。

一只小猴子对小派说：“这只大灰狼特别坏，依仗着‘黑狼’的势力，大量捕杀各种动物，光我们猴子就叫它咬死了好几十只。”

另一只小猴子说：“咱们把这只恶狼勒死吧！”

小派一听，是个好主意。再一看，大灰狼也被折腾累了，机不可失，时不再来，小派对两只小猴子说：“我用力向大灰狼那边走，你们在笼子外面帮我拉绳子！”两只小猴子答应了。

小派用足力气向大灰狼面前走，绳子拖着大灰狼往后退，没一会儿，大灰狼就被拖到铁笼子角上无法再动了。小派喊着“一、二”，与两个小猴子一起用力拉绳子，拴在大灰狼脖子上的绳子越勒越紧，勒得大灰狼一个劲儿地蹬腿，不一会儿，大灰狼就不动弹了。

小猴子和小派高兴地跳了起来：“好哇，我们胜利喽！”喊叫声惊动了“黑狼”。他带着打手走过来一看，啊，心爱的大灰狼被勒死了，而小派在笼子里安然无恙。“黑狼”再一看绳子的拴法，心中暗道：真是一个不好对付的小家伙呀！

“黑狼”看见心爱的大灰狼被小派勒死了，心里非常生气，再一看小派设计的方法，又转怒为喜。“黑狼”说：“虽然我失去了爱狼，但是我得到了一个聪明的干儿子，值啦！”

“黑狼”叫人把小派从铁笼子里放了出来。“黑狼”拍拍小派的肩膀：“将来你可以替代我当黑森林的主宰。这除了有好头脑，会算计，还要有好枪法。来人，摆好玻璃瓶，让这孩子练练枪法！”只见两名匪徒抬出一张一条腿的圆桌，在桌上放好 4 个玻璃瓶。“黑狼”招了招手，4 名匪徒立刻走了出来，“一”字形站好。匪徒们举起手枪，每人瞄准一个玻璃瓶，砰砰砰砰，4 声枪响，4 个玻璃瓶应声而碎。

“哈哈！”“黑狼”命令摆上4个玻璃瓶，他掏出手枪也不瞄准，一抬手砰砰两枪，每枪都射中2个瓶子。

“好！”“真准！”众匪徒发出阵阵喝彩声。

“黑狼”扬扬得意地看了看小派。他又命令匪徒再摆上4个玻璃瓶，下扣4只小松鼠。“黑狼”把枪递给了小派：“不但要打碎玻璃瓶，还要打死瓶子里活蹦乱跳的小松鼠，打瓶子容易，打松鼠难。你来试试，如果你10枪能把这4个瓶子打碎，同时把4只松鼠杀死，就很不错啦！”

小派二话没说，从“黑狼”手中接过枪，举枪瞄准圆桌，砰的一枪把圆桌的独腿打断了，桌面一歪，玻璃瓶全摔碎了，4只小松鼠趁机都跑掉了。

小派这一枪，出乎“黑狼”的意料。他眼珠一转，说：“噢，我明白啦！你长了一副菩萨心肠，舍不得杀死这些小松鼠。好，咱们换个花样，不以动物为目标。”

两名匪徒抬上一张4条腿的方桌，桌上整齐地摆好5行5列，共25支点燃的蜡烛。矮胖子先掏手枪，砰的一枪，最左边一行的3支蜡烛同时熄灭。众匪徒发出一阵叫好声。

依次又有3名匪徒，他们各自打了一枪，打灭了3行15支蜡烛。接着，“黑狼”又打灭了最右边一行的5支蜡烛。这群匪徒枪法确实都够准的。

25支蜡烛重新被点着了。“黑狼”把枪递给小派：“如

果你一枪能打灭一支蜡烛，就算你的枪法不错！”

小派有点犹豫了。蜡烛头那么小，自己绝不可能一枪就把它打灭。正为难间，小派忽然听到头顶上有一只小山鹰对他说：“我可以帮你把蜡烛扇灭。”当然，鸟兽的语言除了小派，别人是听不懂的。

小派想了一下，小声说：“我在地上画个图，凡是我画圈的蜡烛你都把它扇灭。”小山鹰很痛快地答应了。

“黑狼”问：“你自言自语说些什么呢？快打呀！”

小派说："我需要先画个图，想办法让子弹拐着弯儿走，而且我打灭 5 支蜡烛后，你们谁也不可能再一枪同时打灭一行的 5 支蜡烛！"说完，小派在地上画了一个图，其中有 5 个圆圈。听到小派的这番话，众匪徒都愣了，议论纷纷。"子弹会拐弯儿？""他打过这一枪后，别人再也不可能同时打灭一行的 5 支蜡烛？神啦！"

"黑狼"当然也不信，他说："你打一枪给兄弟们看看，也好让他们长长见识。"

小派把枪举了起来，与此同时，小山鹰从树上飞了下来，在蜡烛上空盘旋。小派故意说："小山鹰快飞走，以免误伤了你！"小山鹰不但不飞走，而且越飞越低。

"黑狼"叫喊："讨厌的山鹰，找死呀！"说完就要拿枪。不能再迟疑，小派一扣扳机，砰的一枪，小山鹰假装受伤，歪着身子往蜡烛上扑，两只翅膀左右扇动，把 5 支蜡烛扇灭了。由于这个过程是在一瞬间完成的，很难分清这灭掉的 5 支蜡烛是枪打的，还是小山鹰扇的。

小派对"黑狼"说："看，我这一枪，把不在同一行的 5 支蜡烛打灭了。你们谁再能一枪打灭同一行的 5 支蜡烛，我就服谁！"

众匪徒一看，都感到奇怪：这打灭的蜡烛是一行里一支，就是斜着打，至少也要两枪才行。有的匪徒想找出一行同时点燃的 5 支蜡烛，但是不管他是横着找、竖着找，还是斜着找，都找不到。众匪徒不得不佩服小派的本事。

“黑狼”嘿嘿一阵冷笑，这声音似笑、似哭、似狼嚎，使人毛骨悚然。“黑狼”抬手一枪，小山鹰应声落地。“黑狼”说：“跟我耍这种小把戏，想骗过我？再高明的枪手也不能叫子弹拐弯儿！”

小派急忙跑过去，轻轻地抱起了小山鹰，眼里噙着泪水说：“小山鹰，是我害了你！”小山鹰胸部中弹，受了重伤，鲜血浸湿了羽毛。它有气无力地对小派说：“你……抱着我去见‘黑狼’。”小派抱着小山鹰慢步走近“黑狼”，把小山鹰托到“黑狼”的面前。

“黑狼”微微一笑，问道：“死了吗？”他的话音未落，小山鹰噌地蹿了起来，照着他的右眼拼命地啄了一下。“黑狼”没有防备，右眼立刻血流如注。“黑狼”大叫一声，抓起小山鹰狠狠地摔到了地上。

逃离地堡

勇敢的小山鹰临死前啄瞎了“黑狼”的右眼。“黑狼”一怒之下将小派打入监牢。

两名匪徒将小派架到一个地堡前，门口有一个拿枪的匪徒在看守，他从口袋里掏出钥匙打开地堡的门。一名匪徒对看守说：“这名儿童可是非卖品，千万别让他跑了！你要是让他跑了，‘黑狼’非揪掉你的脑袋不可！”

小派被推进了地堡，呀，地堡里还关着十几名儿童！这些儿童肯定和自己一样是被骗来的。小伙伴见面分外亲热，互相问长问短。小派从这些儿童嘴里知道，“黑狼”给他们的伙食不错，怕他们饿瘦了会影响卖出去的价钱。

小派忽然想起来，他跟矮胖子走之前，警察叔叔曾送给他一个纽扣一样的东西，不知它有什么用。他拿出来一看，这东西和一个普通的大衣纽扣没有什么区别，中间有两个孔，圆圆的，只是比一般纽扣重。小派把纽扣翻到背面，见上面有一个小红点，他无意中用手按了一下，一个细微但清晰的声音从纽扣中传出来：“小派吗？你好！这是一个微型对讲机，你现在情况怎么样？”

小派听出是警察王叔叔的声音，心里那个激动劲儿就别提了，他把进入黑森林的经历简单汇报了一下。王叔叔夸奖他干得好，并给他布置了三项任务：弄清匪徒的确切人数和武器配备情况；弄清楚被骗走的儿童有多少，藏在什么地方；掌握“黑狼”贩卖毒品、残杀珍稀动物的证据。

小派心想：我被关在地堡里出不去，怎么了解这些情况呢？他想起了林中的鸟兽。通过地堡的小窗户，他看到窗外有一只小麻雀在地上啄食,小派央求它把小猴子找来。不一会儿，小猴子来了，小派给它说了一下计划，让它偷出看守腰上的钥匙，小猴子点点头答应了。

小派用力敲门：“我要喝水！渴死我了，我要喝水！”

咔嗒一声，门开了一个小缝儿，一双凶狠的眼睛向里看：“喊什么？再喊我枪毙了你！”看守看清是小派要喝水后，态度立刻好起来。他递进一个水碗说：“你要喝水呀！给你水，喝吧！”

小派接过碗，一边喝水，一边和看守聊天：“你一个人在这儿看着我们，不闷得慌吗？”

“怎么不闷？闷了就抽口烟。‘黑狼’交代的任务，不能不完成啊！”

“我教你玩一个‘幸运者游戏’，可好玩啦！你要能算出数字 100 来，3 天以内你必定走好运！”

“真的？怎么个玩法？”匪徒很感兴趣。

小派说：“你随便找一个自然数，将它的每一位数字都算出平方，也就是自乘一次，然后相加得到一个答数；将答数的每一位上的数字再都算出平方、相加……这样算下去，如果你能得到答数是 100，3 天之内我包你发大财。”

“嗯……我想到一个数 85，我按你说的方法做一下。”匪徒真的算了起来：

$$8^2+5^2=64+25=89$$

$$8^2+9^2=64+81=145$$

$$1^2+4^2+5^2=1+16+25=42$$

$$4^2+2^2=16+4=20$$

$$2^2+0^2=4+0=4$$

$$4^2=16$$

$$1^2+6^2=1+36=37$$

$$3^2+7^2=9+49=58$$

$$5^2+8^2=25+64=89$$

这个匪徒并没有发现，这里又出现了前面已经出现过的 89，他为了得到答数 100，为了发大财，傻呵呵地一直算下去，算出的答案仍旧是145、42、20……

小派看到时机已到，向窗外做了个手势。小猴子偷偷地绕到匪徒的身后，从他腰上把地堡门的钥匙轻轻地摘了下来。

突然，两只野兔出现在前面的草地上。乱蹦乱跳的野兔惊动了这个匪徒，他自言自语地说："好肥的两只兔子，逮来晚上烤着吃，别提有多香啦！"他刚想拿枪，又想到这里不能随便开枪，因为一开枪就表示地堡出事了。匪徒想逮活的，轻轻地向两只野兔摸去。

两只野兔好像没有感觉到危险的来临，仍旧在那儿又蹦又跳。当匪徒向野兔全力扑过去时，野兔敏捷地跑开了。它们并不跑远，继续在不远的地方蹦跳，匪徒再次扑过去，又扑了一个空。野兔引着这名匪徒越走越远……

小猴子赶紧拿出钥匙把地堡门打开，小派领着十几名儿童跑了出来，他们消失在密林之中。

匪徒扑了一身土也没能逮住野兔，骂骂咧咧地走了回来。他回想刚才做的数字游戏，仔细一琢磨：嗯？怎么算出来的总是这几个数哇？肯定是掉进数字陷阱里了。他探头往地堡里一看，一个小孩也没有了，再一摸后腰上的钥匙，啊，钥匙也不见了！坏了，这群小孩逃跑啦！

匪徒一边跑，一边喊："不好啦！小孩都逃跑啦！"

“黑狼”右眼戴着一个黑色眼罩，从屋里走了出来。他一阵冷笑：“一群孩子想逃出去？做梦！这黑森林里处处是迷途，他们就是插翅也难飞。不过，那个小派懂得鸟兽的语言，我们要多加小心。全体弟兄，4 人一组，给我向各个方向搜查，一定要把他们抓回来！”

夺枪的战斗

小派带领十几名儿童逃离了地堡。一名儿童问小派：“咱们往哪儿走？”

是呀，在这茫茫林海中，哪一条是回家的路？小派心里没底。有的说，任意乱走总能碰到一条通往外面的路；有的说，大家分成几拨，各自走自己的路。小派认为这些办法都不行，这么大的一片森林，瞎闯是很难闯出去的。大家即使不被“黑狼”抓住，也会饿死。

忽然，一只大山鹰飞来了。它对小派说：“我带你们走吧，我认识路……”说到这儿，大山鹰有点儿说不下去了。

小派觉得十分奇怪，忙问：“你怎么啦？”

大山鹰说：“我的小山鹰被‘黑狼’杀死了，我要替我的儿子报仇！”

原来它是勇敢的小山鹰的妈妈，小派心里十分感动。他让大山鹰带领这十几名儿童赶快逃离黑森林。

孩子们问：“你呢？”

“我现在还不能走，有些事情还没办完。”勇敢的小派看着大家走远后，返身往回走。按照警察王叔叔的布置，他还得把“黑狼”匪帮的人数以及罪证调查清楚。这时，他看见地上有一行蚂蚁在忙碌地搬运着食物。

小派俯下身来问：“你们从哪儿搬来这么多好吃的？”

“从厨房搬来的。”一只蚂蚁放下食物说，“‘黑狼’的厨房新来了一个厨师，做了好多好吃的，我们就是从那儿弄来的。”

小派看到有的蚂蚁把食物放到窝里以后，又向厨房跑去。小派跟着这些蚂蚁向厨房走去，厨房周围没有匪徒，大概都去抓逃跑的儿童了。小派溜到厨房门口偷偷地往里看，只见一名胖胖的厨师正在切肉。小派一回头，发现一只黑熊闻着香味，正向厨房走来。

小派把黑熊叫了过来，让它进去把厨师抱住。黑熊点点头，蹑手蹑脚地溜进了厨房。突然，厨房里发出嗷的一声嚎叫，接着有人喊：“狗熊吃人啦！快救命啊！”小派立即走进厨房，只见黑熊紧紧地搂住了胖厨师，胖厨师吓得浑身打战。

小派问：“你是厨师，一定知道‘黑狼’这儿一共有多少人。”

胖厨师战战兢兢地说：“我是……刚刚被抓来的，我……真不知道他们有多少人。”

小派看到大盆里有许多还没洗的碗，问：“这是他们刚用过的碗吗？”

“是，是，”胖厨师说，“中午我给他们做了 3 个菜。2 个人一碗红烧鹿肉，3 个人一碗蛇羹，4 个人一碗清炖山鸡。‘黑狼’单独吃，他一个菜用一个碗。”

小派数了一下，总共有68只碗，除去“黑狼”一个人用了3只碗，还剩下65只。小派心想：我可以根据这65只碗，算出一共有多少匪徒。

2个人一碗红烧鹿肉，每人占$\frac{1}{2}$只碗；3个人一碗蛇羹，每人占$\frac{1}{3}$只碗；4个人一碗清炖山鸡，每人占$\frac{1}{4}$只碗。用总的碗数除以每人所占的碗数，就得出吃饭的人数：$65\div(\frac{1}{2}+\frac{1}{3}+\frac{1}{4})=65\div\frac{13}{12}=60$（人），加上“黑狼”总共61人。小派知道了匪徒的确切人数，拿出微型对讲机，向警察王叔叔做了汇报。

下一步是弄清楚这群匪徒的武器装备情况。忽然，小派听到一阵嘈杂的脚步声和叫骂声，他知道是“黑狼”他们回来了，赶紧放开胖厨师，拉着黑熊躲到厨房的后面去了。

“黑狼”显得异常恼怒，大声呵斥着众匪徒：“你们都是干什么吃的？连几个小孩儿都抓不回来！他们人生地不熟，难道能飞上天？”众匪徒都低着头，一动也不敢动。

“他们如果逃出黑森林，必然会被警察发现。警察一旦发现我们的藏身地点，肯定会来进攻。”说到这儿，“黑狼”停顿了一下，倒背双手在地上踱了两步，回头命令道，“黑胖子，你速去秘密武器仓库，清点一下那里的轻重武器各有多少，速来汇报！”

“是！”黑胖子答应一声，转身就跑。

好机会！小派立刻跟在后面。别看黑胖子长得胖墩墩的，跑起来却很快，不一会儿就把小派甩在后面，再加上林密草高，三转两转，小派就找不到黑胖子了。小派正着急，忽然感觉腰上顶上了一个硬邦邦的东西，刚想回头，就听后面有人喝道：“不许动！我以为是什么动物跟着我呢！原来是你呀！走，跟我见你的干爹去！”

“啊！是黑胖子！”没办法，小派只好被他押着往回走，没走几步惊动了草丛中的一条眼镜蛇，它直立着上身，晃动着板铲似的头部，一副要进攻的样子。小派小声对眼镜蛇说：“我后面的人刚刚吃完用你们蛇肉做成的菜，他要发现了你，一定会打死你做菜吃。你帮帮我……”小派如此这般地交代了一番。

黑胖子没看见眼镜蛇，一个劲儿地催促小派快走。

突然，他觉得腿被什么东西缠住了，低头一看，是一条眼镜蛇，顿时吓坏了。他刚想用手枪打蛇，小派趁他不注意，双手紧握住手枪柄夺枪。黑胖子虽说是大人，可是也架不住人和蛇两面夹攻，枪被小派夺去了。

小派用枪捅了黑胖子一下，说：“带我去秘密武器仓库！”

黑胖子冷笑了两声，说：“那儿有两个兄弟把守，没有口令别想靠近仓库！”

小派想了一下，说：“这样吧，我让眼镜蛇钻进你的衣服里面。”

“啊！”黑胖子怕极啦。

秘密武器库

听说小派要让眼镜蛇钻到自己衣服里面，黑胖子吓坏啦！他哆哆嗦嗦地哀求说："别钻，别钻，我最怕蛇，我投降！"

小派还是让眼镜蛇从黑胖子的裤腿钻进了裤子里。小派把手枪里的子弹拿了出来，把黑胖子身上的子弹夹搜了出来，一起扔掉，然后把手枪交还给黑胖子说："你用枪押着我去秘密武器库，你照我说的去做，不然的话，你留神趴在你腿上的毒蛇！"

"是，是。"黑胖子频频点头。小派在前面走，黑胖子拿着枪小心翼翼地在后面跟着。拐了几个弯儿，他们来到了一个洞口旁，小派探头往里看，只见这个洞黑乎乎的，深不见底。

黑胖子说："往里走吧！武器就在这个洞里。"

小派点点头，勇敢地走进了洞中。他们在洞里又拐了几个弯儿。拐过第一个直角弯儿时，小派看到了微弱的灯光，再拐过一个直角弯儿，就看到了明亮的灯光。这时有人大喝一声："口令？"

黑胖子赶紧回答："狼吃羊！"两个人站住了。

小派心想，连口令都是弱肉强食的内容，这真是一伙十恶不赦的坏蛋。小派一抬头，无意中看见左右两边的洞壁上挂着许许多多的蝙蝠，它们一个抓住一个形成了两个大的倒三角形。小派数了一下，一个三角形的底边由 98 只蝙蝠组成，另一个三角形的底边由 89 只蝙蝠组成。

这时，一个拿长枪的守卫走了出来，看见黑胖子，点点头说："是胖哥呀！到这儿来有事儿吗？"

"'黑狼'叫我把军火库清点一下，警察可能要来进攻。"

"这个小孩是干什么的？"

"这个……这个……"黑胖子不知说什么好。

小派接过话茬儿说："我是被你们骗来的小孩。"

守卫又问："有专门押小孩的地堡，把你带到这儿来干什么？这个地方是你随便来的吗？"

"外面嚷嚷什么？"又一名守卫从里面走了出来。黑胖子一看来了两个同伙，心里有了底气。他把手枪换为左手拿着，右手顺着蛇身摸向蛇的七寸。这个地方是蛇的要害，一旦蛇的七寸被人握住，就会被置于死地。

黑胖子的这些动作，小派都看在了眼里。怎么办？面前是三个持枪匪徒，小派只是一个赤手空拳的孩子，硬斗是斗不过他们的。突然，小派想到洞内的蝙蝠，它们总共有多少只呢？

它们排列的外形虽然是三角形，但是在计算总数时，可以按梯形面积公式来计算。由于它们是个倒放的梯形，把其中一个梯形上底看作 98，下底看作 1，总共有 98 排，高就是 98，这样可求出蝙蝠数 $=\frac{(98+1)\times 98}{2}=4851$（只）；同样可求出另一个倒三角形的蝙蝠数：蝙蝠数$=\frac{(89+1)\times 89}{2}=4005$（只）。好，合在一起共有 8856 只蝙蝠，这是一股不小的力量。

黑胖子一下子抓住了蛇的七寸，他大声对两名守卫说：“这小孩儿是警察派来的奸细，快把他抓起来！啊……”刚说到这儿，黑胖子扑通一声倒在了地上。

两名守卫端起枪，命令小派举起手来。小派在举手的同时，向蝙蝠发出了攻击命令。霎时间，近 9000 只蝙蝠一起从墙上飞了下来，轮番扑向两名守卫。尽管两名守卫连连开枪，但是蝙蝠太多，铺天盖地而来，两名守卫只好抱头鼠窜，跑到里面见无路可逃，就举手投降了。

小派看见黑胖子倒在地上已经死了，但他的右手还死死地握着眼镜蛇的七寸——眼镜蛇被掐死了。小派把一名守卫捆了起来，带上另一名守卫，跟随大批蝙蝠向秘密武

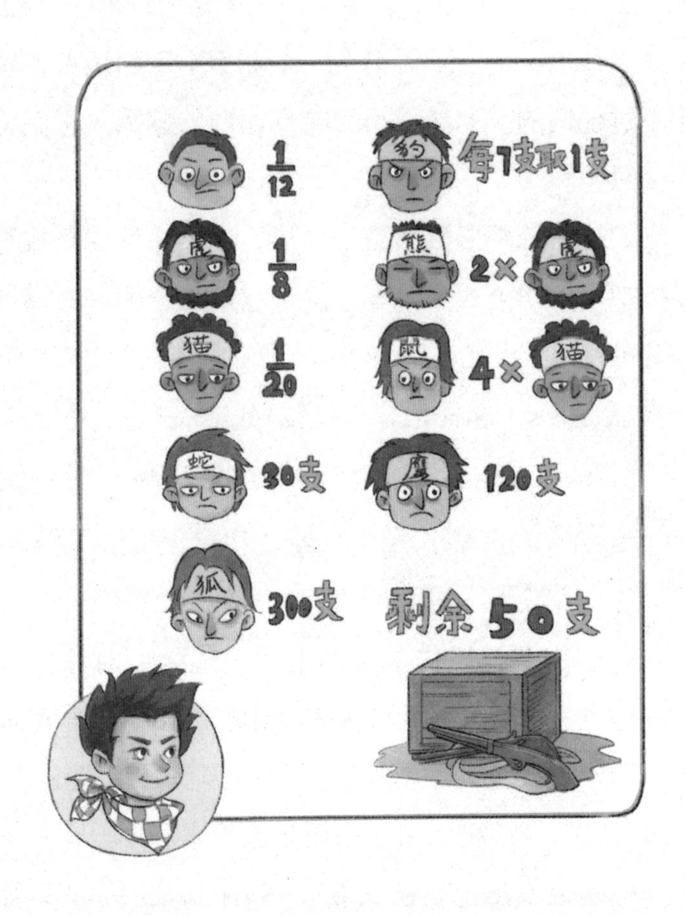

器仓库——山洞跑去。进了洞的大门，看到里面都是大大小小的木箱子，他问这名守卫：“枪支弹药呢？”

守卫指着木箱子说：“都在这些木箱子里。”

“总数有多少？”

“总数只有‘黑狼’和黑胖子两个人知道。”

“你们当守卫的，难道一点儿情况都不知道？”

“我记得黑胖子在给我们讲这些枪支的来历时，曾给我出过一道题。”守卫说，“黑胖子说这些枪支是从一列军用列车上劫来的。那次黑胖子带着8个弟兄去劫车：黑胖子抱走了军用列车上枪支的$\frac{1}{12}$，每7支枪‘黑豹’拿走1支，$\frac{1}{8}$被‘黑虎’抱走，‘黑熊’抱的枪支是‘黑虎’的2倍，‘黑猫’只拿走了全部枪支的$\frac{1}{20}$，你别看‘黑鼠’个儿小，他拿的枪支是‘黑猫’的4倍。最后3个弟兄也个个不空手：‘黑蛇’拿了30支，‘黑鹰’拿了120支，‘黑狐’拿走300支，最后还剩下50支枪实在拿不了啦！”

小派说：“有数就能算，数多也不怕。先求出黑胖子、‘黑豹’‘黑虎’‘黑熊’‘黑猫’‘黑鼠’6个人抱走的枪支占总数多少：$\frac{1}{12}+\frac{1}{7}+\frac{1}{8}+\frac{1}{4}+\frac{1}{20}+\frac{1}{5}=\frac{715}{840}=\frac{143}{168}$，剩下的枪支占$1-\frac{143}{168}=\frac{25}{168}$，而剩下部分的枪支数为$30+120+300+50=500$（支），这样就可以求出军用列车上的枪支总数是$500\div\frac{25}{168}=3360$（支），减掉没拿走的50支枪，这里共有3310支枪。真不少！”小派拿起微型对讲机，把“黑狼”所藏枪支总数及地点报告给警察王叔叔。

知识点解析

一题多解

故事中，蝙蝠组成的形状是两个倒三角形，可以把它们看成两个等差数列：1，2，3，4，…，88，89和1，2，3，…，98，利用求和公式可以求出蝙蝠的总数量；另外一种思考方法是把两个三角形看作两个倒放的梯形，利用梯形面积公式求出蝙蝠的总数量。由此可知，很多问题可以从不同的角度，运用不同的思维方式去思考。一题多解对于帮助学生理解数学各部分知识的联系、培养联想能力、激发多向思维都是有益的。

考考你

“黑狼”原计划6天运完一批枪支，实际每天比原计划多运280支，结果提前2天运完。原计划每天运多少枪支？（用两种方法）

活捉“黑狼”

王警官告诉小派，围剿“黑狼”的警察部队已经出发，战斗即将打响，小派高兴地喊道：“‘黑狼’的末日到啦！”

他琢磨了一下，觉得“黑狼”一定会往这里跑，一来这里有大量武器弹药，二来这个地方易守不易攻。“我应该断了他的退路！”小派召集黑森林里的许多动物，布置消灭“黑狼”匪帮的任务。这些动物平日被“黑狼”肆意杀戮，今天听说要消灭“黑狼”匪帮，个个摩拳擦掌，跃跃欲试。

小派刚刚布置好任务，警察部队和“黑狼”匪帮就交上火了。双方打了一个多小时，“黑狼”这边的子弹快用完了。“黑狼”一招手，喊了声：“往秘密武器库撤！”匪徒们边打边撤，慢慢地靠近洞口。

在洞口前面，小派让100多只鼹鼠在地下挖出一个大陷阱，上万只黑蚂蚁在陷阱底下埋伏好，等待着“猎物”掉进陷阱。

枪声越来越近，小派从洞口已经看到匪徒了。小派说了声："准备！"忽然听见"扑通""妈呀"的声音，五名匪徒掉进了陷阱，上万只蚂蚁立刻扑了上去，狠咬他们。

"黑狼"大喊一声："留神，有陷阱！"匪徒们小心翼翼地绕过陷阱来到了洞口。小派大喊一声："出击！"埋伏在洞里的狗熊、狐狸、梅花鹿一齐冲了出去，它们或扇、或咬、或顶，匪徒们没有思想准备，吓得嗷嗷乱叫。与此同时，从树上飞下来一大群山鹰，跳下了几百只猴子，它们或啄，或抓，或挠。蛇和蚂蚁从地下进攻，形成了陆上、地下、空中三面夹攻的阵势。尽管匪徒们手中有枪，此时也不知道打谁好。警察部队追了上来，也被这里的人兽大战惊呆了。

带队的王警官高声喊道："放下武器，举手投降！"匪徒们纷纷扔掉手中的武器，高举双手。小派也命令动物们停止攻击。这一场人兽大战，使匪徒个个伤痕累累。

警察清点了匪徒人数，连死带伤总共 59 人。小派忙说："不对，应该是 61 人。"仔细一查对，发现"黑狼"和一名叫"鬼机灵"的匪徒漏网了。

警察审讯被俘的匪徒，得知"鬼机灵"曾给"黑狼"挖掘过一个秘密通道。通道一直通往黑森林的外面，至于通道的具体位置，谁也不知道。

"一定要把'黑狼'和'鬼机灵'抓住，要斩草除根！"

王警官想了想，说，“我想秘密通道肯定离这儿不远。刚才我好像看见‘黑狼’朝这个方向逃跑了！”

小派说：“这些匪徒中，不可能一个也不知道秘密通道在哪儿，要动员他们坦白交代。”

经过做工作，一个和“鬼机灵”很要好的匪徒说出了一个重要情况。他说：“前几个月，‘鬼机灵’每天晚上都出去，我问他干什么去，开始他总笑而不答，后来被我问得没办法了，便给我出了一道题。”

“一道题？”小派觉得很新鲜。

“‘鬼机灵’对我说，他每天晚上都去一个秘密地点挖地道。地道位置是从这个洞口往南走若干米，虽然路程不远，但是中间要休息三次。第一次走到全程的$\frac{1}{3}$时，坐下来休息一会儿；第二次走到余下路程的$\frac{1}{4}$时，又休息 2 分钟；第三次走完再余下路程的$\frac{1}{5}$时，又站着休息了一会儿，这时他总共走了 240 米。你有能耐就自己算吧！”这名匪徒摸了摸脑袋说，“我一直没能算出来秘密地道的具体位置。”

“我来算。”小派高兴地说，“这个问题只要先算出‘鬼机灵’走的三段路各占全部路程的几分之几就成了。第一段走了全部路程的$\frac{1}{3}$，第二段走了全部路程的$(1-\frac{1}{3})\times\frac{1}{4}=\frac{1}{6}$，第三段走了全部路程的$(1-\frac{1}{3}-\frac{1}{6})\times\frac{1}{5}=\frac{1}{10}$，‘鬼机灵’

三段总共走了全部路程的$\frac{1}{3}+\frac{1}{6}+\frac{1}{10}=\frac{3}{5}$，全部路程为$240\div\frac{3}{5}=400$（米）。

两名警察立刻拿出米尺，从洞口向南量了400米，发现了一个锅口大小的洞口。这就是那个秘密通道？这么小的洞口，仅能容一个人。小派说自己个子小，往里钻容易，自告奋勇就要往里钻。王警官赶紧一把拉住了小派，说：“危险！”

王警官掏出手枪，朝洞内砰砰连开两枪，砰砰砰，里面突然向外连开三枪。小派吓得直吐舌头。王警官向洞里喊话，叫“黑狼”和“鬼机灵”投降。但是，两个匪徒只是一个劲儿地向外开枪。有人建议在洞口放上树枝，点着用烟熏，可是警察接近不了洞口，有一名警察勇敢地冲了上去，结果胳膊上中了一枪。

有人建议用火焰喷射器向洞里喷火。王警官摇摇头说：“要抓活的！从‘黑狼’那儿还能得到许多重要线索。”

既不能把“黑狼”打死，又不能冲进洞里抓活的，这可怎么办？

小派拍了拍自己的脑门儿，说：“我有主意啦！”小派会动物的语言，他让蛇、蚂蚁、鼹鼠钻进洞去，把里面的两个坏蛋轰出来。

只见无数的蚂蚁、几十条蛇和许多只鼹鼠从洞口或地下，以及一些通往洞里的小洞，一齐向洞里发起进攻。没过多久，就听到里面乱喊乱叫。又过了一会儿，里面喊："别开枪，我投降！"只见"鬼机灵"在前，"黑狼"在后，从洞口爬了出来，他们俩身上爬满了蚂蚁，胳膊和腿上都缠着几条蛇。

"黑狼"匪帮被全部歼灭，被拐卖的小孩也全部得救了。只是有一件事让小派非常伤心，因为他再也听不懂动物的语言了。只见百灵鸟叽叽喳喳，小猴子手舞足蹈，胖黑熊摇摇摆摆……小派知道，它们都是在和他道别。可是，道别的话儿是什么呢？只好由小派去猜测了。

红 桃 王 子

戴假发的王子

这天一早，小派背着书包，高高兴兴地上学去。

一张扑克牌从空中掉下来，正好掉在小派的头上：“哎呀！什么东西？砸我脑壳？”小派捡起来一看，原来是一张扑克牌红桃J，牌上是一个戴着红帽子，留着假的披肩发，蓄着土耳其式胡子的王子。

小派说：“是一张扑克牌呀！是红桃J，上面画的是个王子。”

忽然，王子从扑克牌里跳了出来，双脚一着地就开始伸懒腰：“啊——我自由了！”王子连伸了几次懒腰，每伸一次就往上长高一截儿，不一会儿，个头长得比小派还高。

小派惊奇地说："哇！你是红桃王子吧？你伸了几次懒腰，长得比我还高了！"

王子伸出了手，对小派说："咱们交个朋友好吗？"

"交朋友？可是我又不玩扑克牌呀！"

王子严肃地说："你以为扑克牌仅仅是个玩具吗？"

小派摇晃着脑袋问："扑克牌还有别的用途吗？"

"你跟我走一趟。"说完，王子挟起小派飞了起来。

小派问："你要干什么？"

王子笑着说："别怕，我带你去玩一玩。"

王子挟着小派往前飞，耳边的风声呼呼作响。飞了一刻钟的时间，前面一张巨大的方片 A 挡住了他们的去路。

王子说："我先带你去方片王国玩玩。"

王子挟着小派，呼的一声冲破方片 A，进入方片王国。

王子降落下来："我们进入方片王国了。"

小派看到里面是一派春天的景象，嫩黄的迎春花盛开，草儿已经返青，鸭子在水面上游弋，树上也长出新叶，不过树上所有的叶子都是菱形的。

小派呼吸着初春新鲜的空气："这里是春天。可是怎么叶子都是菱形的呢？"

王子解释说："方片王国，到处都是方片嘛！"

小派感慨地说："方片王国是一个春天的国度。"

“我带你到我的国家看看。”王子又挟起小派，向一张巨大的红桃 A 飞去。

飞进红桃王国，小派立刻感到气温骤升，头上都出汗了。红桃王国是个大花园，艳丽的荷花盛开，荷叶很特别，是红色的桃形叶。

“真热呀！”小派不断擦着汗，“唉，我说红桃王子，你这儿的荷叶怎么是红色的桃形叶？”

王子说：“当然喽！你到了红桃王国，一切都应该是红桃形状的。”

小派点点头：“红桃王国是盛夏的国度。”

王子又带小派去了一个王国，这里的果树上挂满了丰收的果实，墨菊盛开，叶子是黑色桃形的。

王子问：“小派，你猜猜，这是什么季节？这里是哪个王国？”

小派想了想，说：“菊花盛开，嗯……是秋天，这儿是黑桃王国。”

“还是小派聪明！”王子挟起小派又往前飞去，“咱们还是换一个王国吧！”

又到了一个王国，那里雪花纷飞，梅花盛开，寒气逼人。

小派直哆嗦：“哎呀，冻死我了！这肯定是冬季。梅花盛开，咱们到了梅花王国吧？”

“对极啦！”王子说，“我们扑克牌的四种花色，分别代表了春、夏、秋、冬四季，怎么能说我们只是一种玩具呢？”

小派摸摸脑袋：“这……”

恺撒大帝

小派是个爱动脑筋的孩子，他反问：“扑克牌里除了有四季，还有别的吗？”

王子说：“我问你，一年有多少个星期？”

“52 个星期，这谁不知道？”

王子递给小派一副扑克牌，把大王和小王拿走：“你数数一副扑克牌有多少张牌？”

“1，2，3，…，51，52。啊，不算大王、小王，正好 52 张！”

王子一竖大拇指：“扑克牌里有 52 个星期，棒不棒？”

小派眼珠一转：“我给你出个难题，叫你答不上来！”

“你说！”

小派说：“一年有 365 天，你扑克牌里没有了吧？”

“谁说的？”

王子拿出一张红桃 A，问：“这 A 你们打牌时算几？”

“算 1 呀！”

王子同时拿出红桃 J、Q、K 三张牌，问：“这 J、Q、

K 又算几？”

“J 算 11、Q 算 12、K 算 13。这谁都知道。”

王子又说：“如果把大、小王合起来算作 1，你算算整副扑克牌共有多少点？”

“这容易算。”小派口中念念有词，“先算红桃的点数：$1+2+3+4+5+6+7+8+9+10+11+12+13=91$，红桃有 91 点。”

小派接着说：“扑克牌有四种花色，共有 $91\times4=364$，再加上大、小王算 1，哇！正好是 365 呀！”

小派竖起大拇指：“红桃王子，扑克牌里还真有学问，你还真有知识。不过，我还有问题。”

“有问题你就问。”

小派说：“有一个问题我一直弄不清楚。为什么有的月份 30 天，有的月份 31 天呢？”

王子说：“想弄清楚这个问题嘛——你还是跟我出趟远门吧！”王子又挟起小派往前飞。

小派问：“咱们俩去哪儿？”

王子回答：“回到两千年前的罗马，去问问恺撒大帝。最早的日历是他制定的。”

飞了有一个多小时，他们来到一座欧洲宫殿前。宫殿门口有两名全副武装的士兵把守，红桃王子带着小派大步往里走。

士兵甲高声叫道："红桃王子到！"

士兵乙喊："敬礼！"

进了宫殿，只见恺撒坐在正中的宝座上，两旁站着文武百官。

王子向恺撒行觐见礼。

恺撒问："红桃王子找我有什么事呀？"

王子回答："我的好朋友小派，对您制定的日历有不明白之处，特来求教。"

恺撒看了小派一眼："有什么问题？问吧！"

王子见小派有点犹疑，就鼓励说："小派，你大胆地问。"

小派镇定了一下，说："你制定日历时，为什么每月的天数都不一样？"

恺撒说："我出生在 7 月，7 月就应该是伟大的月份。伟大的月份应该长一些，7 月就应该是 31 天。"

小派又问："可是有 31 天的不仅仅是 7 月呀！"

"对！"恺撒说，"7 又是单数，我于是下令，凡是单数月都是 31 天，双数月是 30 天。"

小派摇摇头说："不对，2 月就不是 30 天。"

恺撒发怒了："这个小派好大胆，敢说我不对，拉出

去砍了！”

两名士兵答应一声：“是！”架起小派就往外走。

王子赶紧上前求情：“请息怒，小派是两千年后的人，他不懂这里的规矩。”

这时，一名将军匆匆赶来，向恺撒报告：“昨天杀了30名犯人，今天杀了35名犯人，明天杀多少？”

恺撒正在火头上，他下令：“杀40！”

恺撒出了一口气，解释说：“2月是我们罗马杀犯人的月份。为了少杀几个人，我把2月减少1天。这样，2月份平年是29天，闰年才30天。看，我是多么仁慈！哈哈！”

小派指着恺撒喊道：“你天天杀人还仁慈！你是杀人

魔王！”

恺撒大怒，站起来吼叫：“气死我啦！给我抓进死牢！”

“是！”士兵们押走小派。

小派回过头对红桃王子说：“红桃王子要救我！”

王子连连点头：“我一定救你！”

知识点解析

时间问题

年、月、日，时、分、秒都是常用的时间单位。关于时间，有许多有趣的数学问题。解决这类问题关键在于弄清年、月、日，以及时、分、秒之间的相互关系。另外，如果涉及求经过时间，要采用分段计时的方法。求某个月份中一段时间的总天数，用“尾日期－首日期＋1”。

考考你

恺撒大帝有个时钟，这个时钟每小时会慢25秒，今天是5月22日，上午10点它的指示是正确的。请问这个时钟下一次指示正确时间是几月几日几时？

新皇帝不识数

小派在监狱没待几天，红桃王子跑来对小派说：“好消息！恺撒死了，要换新皇帝了。”

小派不以为然：“换皇帝？换汤不换药！换了新皇帝，对我有什么好处？”

王子说：“新皇帝上台都要大赦，大赦就是把许多犯人都放了。”

小派激动了：“真的？我有希望出去了！”

正说着，一名军官来了，他大声宣读诏书：“奥古斯都皇帝赦免小派，命红桃王子带小派觐见新皇帝！”

红桃王子赶紧带着小派去见奥古斯都皇帝。奥古斯都皇帝坐在恺撒大帝的宝座上。

王子上前行礼：“拜见奥古斯都皇帝。”

奥古斯都皇帝看了他们俩一眼，说：“你们来得刚好，我正要宣布重要决定。”

在场的文武官员听说新皇帝要宣布决定，立刻肃立。奥古斯都皇帝说：“由于我出生在 8 月，8 月应该是伟大的月。”

小派在下面插话:“因为是伟大的月,8月应该31天。”

奥古斯都皇帝一听,非常高兴:“对!说得对极了!不但8月要改,8月以后的双月也改为31天!而8月以后的单月改为30天。”

小派听了扑哧一乐:“嘻,这个新皇帝不识数。”

奥古斯都皇帝忙问:“我为什么不识数?”

小派说:“8、10、12这三个月从30天增加到31天,一共增加了3天。而9、11月从31天减为30天,才减少2天呀!差1天哪!”

“是差1天。”奥古斯都皇帝想了想,说,“这样吧!2月再减少1天,平年28天,闰年29天。”

小派睁大了眼睛,说:“哇!原来一个月有多少天,都是皇帝说了算的。我不玩了,红桃王子带我回到我生活的那个时代吧!”

听说小派要走,奥古斯都皇帝着急了:“这个小派非常聪明,不能让他走!”士兵立刻围了上来。

红桃王子喊了一声:“走!”挟着小派飞了起来。大约过了1个小时,他们又飞回到现实世界。

小派笑嘻嘻地对红桃王子说:“还是我生活的时代好!”

两个人说说笑笑逛大街，看到一家商店门口有许多人在看一张告示。

王子好奇地问：“那些人在看什么呢？”

“过去看看。”小派走了过去。告示上写着：

猜中有奖

你能从下表中选出5个数，使它们的和等于20，即可得大奖！

1	1	1
3	3	3
5	5	5
7	7	7

王子歪着脖子看了半天：“我怎么找了半天，也找不着这5个数！”

小派笑了笑，说：“这5个数根本不存在！”

“为什么？”王子想不通。

小派说：“表里的数都是奇数，5个奇数相加只能得奇数，不可能得偶数20。走，咱们找经理领奖去！”

小派对经理说：“经理，由于表里的数都是奇数，所以这 5 个数不存在。”

经理夸奖说：“小同学真聪明，这盒奖品送给你。”说完送给小派一方盒奖品。

打开礼品盒，里面是巧克力糖，小派说：“咱们俩一起吃吧。”

王子拿起一块糖，惊讶地说：“看，这盒里面还有一个问题呢！

知识点解析

数的奇偶性

一个整数不是奇数就是偶数，奇数与偶数的运算有很多规律，比如：奇数个奇数相加的结果还是奇数，偶数个奇数相加的结果是偶数，任意个偶数相加的结果是偶数。故事中的题目选 5 个奇数，它们的和不可能等于 20。

考考你

奥古斯都皇帝有一本很重要的书，一共有 200 页，每页上面都编写了页码，即 1~200，结果书被溜进皇宫的小偷从中间撕掉了重要的 15 张。试问：这被撕掉的 15 张的页码之和能否等于 1360？

我也来个大脑壳

王子读题："请把这个方盒拆开，摊平。1号面与几号面相对？2号面与几号面相对？猜对有奖。"

小派拆开方盒："拆开是这样的。"

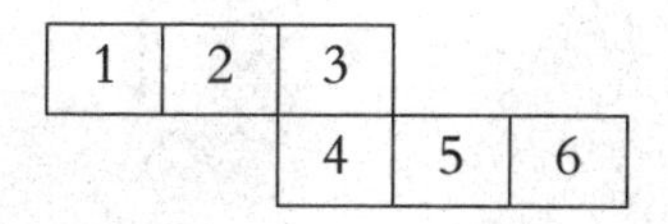

"这次我一定要猜中！"王子自言自语，"我怎样才能变聪明呢？对，我把脑袋弄大。嘿，脑袋大——"

眼看着王子的脑袋大了许多，小派吓了一跳："哇！你的脑袋怎么这么大？"

王子得意地说："大脑壳聪明呀！我说1号对着4号，对不对？"

小派摇摇头："不对！1号应该对着3号才对！"

王子皱着眉头说："怎么回事？我脑袋这么大了，还是不聪明？"

小派拍着手说："哈哈，聪明和脑袋大小没关系。"

王子红着脸说："既然没关系，我还是恢复原样吧！"王子的脑袋又恢复了原状。

王子又说："2 号对着 5 号，对不对？"

"对啦！领奖去！"

小派和红桃王子领了奖，继续往前走，只见一个又黑又胖的男子，举着一个电动火箭在大声叫喊："玩啦！玩啦！一翻两瞪眼！一元钱玩一回，赢了就得电动火箭！”

“一翻两瞪眼？”王子不明白。

这时，几个小朋友每人交一元钱，并从黑胖子手中扣着的扑克牌中抽取一张。

黑胖子继续喊：“交一元钱抽一张扑克牌，一会儿大家一齐翻牌，谁点大谁赢！”

黑胖子也抽出一张扑克牌，和小朋友一起翻牌：“大家把眼睛瞪圆啦！这就翻牌了！一翻立刻就知道谁输谁赢！这就叫一翻两瞪眼！预备——翻！”大家同时把牌翻过来。

黑胖子念着小朋友手中的牌：“你是2，你是5，你是9，你是Q，看！我是黑桃老K，13点，哈！我赢了！电动火箭还归我。”

王子小声对小派说：“我看出来了，这个黑胖子在弄虚作假！你去玩一次。”

“好！”小派交一元钱抽了一张牌。

黑胖子继续喊道：“赢了就得高级火箭！快来抽牌呀！”

黑胖了看人差不多了，就迅速抽了一张牌：“一翻两瞪眼啦！预备——翻！”在翻牌的一刹那，王子迅速把黑胖子手中的黑桃K换成了红桃J。

黑胖子看小派手中是红桃 Q，而自己手中的黑桃 K 变成了红桃 J。

黑胖子大叫：“呀，我的牌怎么不是黑桃 K 了，而变成了红桃 J？”

小派举着牌说：“我的牌是红桃 Q，12 点，我赢啦！电动火箭归我了吧！”

黑胖子举着电动火箭，蛮不讲理地说：“不给！我每次都把黑桃 K 留在手里，今天怎么变成红桃 J 了？有鬼！”

小派一指黑胖子：“有鬼的不是别人，恰恰是你！你为什么每次都能抽到老 K？”

黑胖子说：“那是我手气好，这个电动火箭就是不给，你能怎么办？”

王子抽出宝剑，用剑指着黑胖子：“黑胖子，你如此不讲理，今天我教训教训你！”

黑胖子把脖子一歪：“想打架？那你算找对人啦！”他拿出一个用一根绳子拴着五个铁球的武器。

黑胖子冷笑说：“嘿嘿，你认识吗？这叫作‘五连锤’，让你尝尝它的厉害！”说着就把五连锤抡了起来，五连锤

舞起来呼呼带风，王子近身不得。

黑胖子还一个劲儿地叫阵：“有胆儿的你上来！”

“呼——呼——”五连锤越舞越快。

王子对小派说：“还真上不去！”

“停！”小派说，“我说黑胖子，我给你拿走一个铁球，你还能要吗？”

黑胖子不屑地说：“能！但是每段绳子的两头儿要有铁球。”

小派从他的“五连锤”中摘下一个铁球，再两头接上，变成一个圈儿。

小派说：“你来耍耍这个。”

黑胖子把圈儿套在腰上，练起了呼啦圈舞：“我只能练呼啦圈舞了！转！转！”

王子拍手叫好：“嘿，真好玩！”

黑胖子坏

王子指着黑胖子说："输了不给电动火箭，还要打人，你真坏！"

黑胖子双目圆瞪："你说我坏，是对我人身攻击，你要赔偿我的名誉损失！"

红桃王子反驳说："我说的都是事实！"

黑胖子唾沫星子飞溅："你这是诬蔑！"

"好了，好了，不要吵了。"小派说，"黑胖子，你只要能把下表中的'黑''胖''子''坏'四个字换成四个数，使得每一行、每一列和对角线上的四个数之和相等。"说着小派画了一个表：

96	11	89	68
88	黑	胖	16
61	子	坏	99
19	98	66	81

黑胖子说："这么难哪！"

"我还没说完哪！换好数之后，还要把图倒过来看，每一行、每一列、对角线之和大小不变，就说明你不是坏蛋，我们就赔偿你的名誉损失。如果填不出来，就说明你黑胖子是坏蛋！"

黑胖子来了个倒立看这个表："我正看是'黑胖子坏'，我倒着看还是'黑胖子坏'呀！"

黑胖子看了半天，摇摇头说："我不会，我估计你们也不会！"

小派对红桃王子说："王子给他分析分析。"

王子分析："倒过来还是一个数的数字，只有1、6、8、9四个数字。必须从这四个数字中找出两个数来搭配。怎么找呢？由于第一行相加96+11+89+68=264，从264中减去两边的数，然后再搭配。应该这样填。"王子把表填好：

96	11	89	68
88	69	91	16
61	86	18	99
19	98	66	81

王子对黑胖子说："你填不出来，而我填出来了，说

明你是坏蛋，你这个坏蛋就应该把电动火箭给我！”说完就要去拿电动火箭。

“怎么，还要动手来抢？”黑胖子吹了声口哨。

听到口哨声，三个流氓跑了过来：“咱们的头儿叫咱们呢！快走！”

小派问王子：“来了几个坏蛋？”

“我仔细看看。”王子说，“几个坏蛋排队走，最前面的走在两人前，最后面的走在两人后。”

小派一晃脑袋：“嗨！说了半天，来了三个坏蛋。咱们俩怎么办？”

“和他们打呀！”王子抽出宝剑，和三个坏蛋打在了一起。

王子抖了抖宝剑，喊道：“让你们尝尝我红桃 J 的厉害，杀！”

流氓甲连退两步：“嘿，他是扑克牌！”

黑胖子照着小派就是一拳:“让你尝尝我黑胖子的铁拳!”

咚的一声，小派被黑胖子打倒在地。

小派大叫：“红桃王子，我打不过黑胖子！”

王子把手机扔给小派：“快拨手机，号码是 1248163264128。”

“好的！”

红桃老K来了

小派忙着拨手机："号码是1248163264128。"

黑胖子感到奇怪："嘿，你的记忆力可真好，这么长的数字，说一遍就记住了！"

小派说："我是把数字分了组。其实分了组，你也能记住。"

黑胖子来了兴趣，也不打架了。他忙问："怎么分组？"

小派边说边写："你看！分组以后就是1，2，4，8，16，32，64，128。看出规律了吧？"

黑胖子眼睛一亮："哈！我看出来了，相邻两数，后面的是前面的两倍。"

小派点点头："行，你还不傻！"

黑胖子转身，指挥三个坏蛋围攻红桃王子："你们快把这个红桃王子抓住！"

正当红桃王子渐渐体力不支的时候，突然，红桃K带着一队扑克牌士兵跑来。

红桃K问："谁要抓我的王子？"

红桃王子高兴地说：“好哇！父王来了！”

黑胖子吃惊地叫喊：“哇！红桃老 K 带着兵来了，兄弟们，快跑吧！”说完，带着三个坏蛋就要逃走。

红桃 K 下令：“把他们给我围起来！”

“是！”扑克牌士兵把黑胖子和三个坏蛋围在了中间。

黑胖子不肯束手就擒：“弟兄们，咱们和他拼了！”

三个坏蛋呼应：“对，拼了！”

“嗬，还想抵抗？”红桃 K 说，“听说小派数学很好，我想让你给我摆个阵，把这几个坏蛋围在阵中。”

王子在一旁插话说：“没问题，小派准能办到。”

红桃 K 命令：“红桃、黑桃、梅花、方块四种花色的 4、5、6 给我站出来！”

扑克牌士兵回应：“是！”说完站成一行扑克牌士兵。

红桃 K 在地上画了个图，对小派说：请你把这 12 名扑克牌士兵排进这些圆圈中。

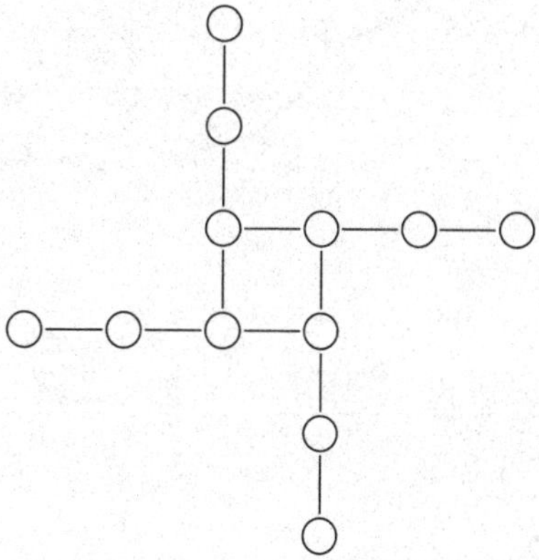

小派问：“还有什么要求？”

红桃 K 说：“要求图中的 4 条直线，每条直线上的 4 名士兵，以及一个正方形边上的 4 个士兵花色不同，还要求这 4 个士兵的点数和都等于 20。”

王子在一旁说：“父王，这也太难了吧！”

小派却说：“不怕，看我的！”

小派边想边排，不一会儿，他说：“我想出来了一种排法！”说完排出了一种阵式：

知识点解析

数阵图

数阵图其实是一种由幻方演变而来的数学问题，主要特点是把一些数字按照一定的要求排列成各种图形。故事中，4 条直线上的数字之和是 80，而红桃、黑桃、梅花、方块四种花色的 4、5、6 的和为 60，相差的 20 正好是中间四个重复数字的和，从而推断出中间四个数字是 5。数阵图的填写讲究一些技巧：根据题目要求以及数字的特征进行分析，往往要先算出中间或重复的数字，在计算的基础上寻找答案。

考考你

将 10，20，30，40，50，60 这六个自然数填入六个〇内，使得每条边上的三个数字之和相等。

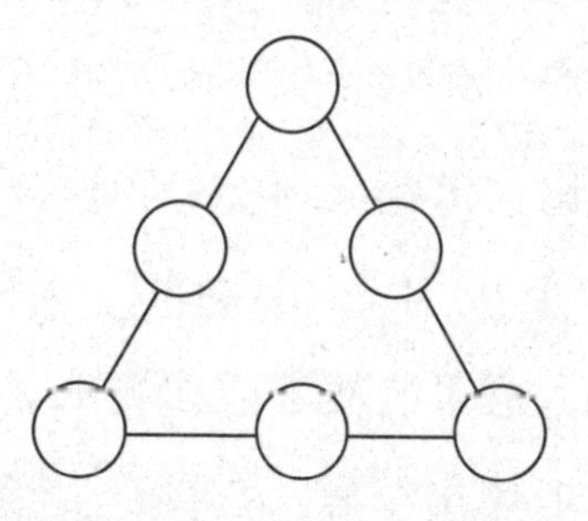

包围黑胖子

黑胖子一伙落入了小派排的阵中。

一个坏蛋着急地说："老大，咱们落入人家的阵里了。"

黑胖子一挥手："给我往外冲！冲啊！"

扑克牌士兵一齐举枪："杀——"黑胖子被士兵杀回来了。

黑胖子又一挥手："换个方向，跟我冲啊！"

"杀——"黑胖子又被扑克牌士兵挡了回去。

黑胖子一看，往外冲是不可能了，就开始和红桃K讲条件。

黑胖子问："红桃老K，我怎样做，你才能放我们出去？"

"你只要做出这道题。"红桃K拿出一张卡片说，"我这张卡片上有4个8，4个0。你把卡片剪两刀，拼成一个正方形，使正方形里的数字之和等于0。"

黑胖子拿着卡片左看看，右看看，然后摇摇头："这纯粹是开玩笑！剪两刀能把4个8剪没了？除非把这张卡片烧了。”

小派拿过卡片：“我要是剪出来了呢？”

黑胖子一拍胸脯：“你要是能剪出来，我黑胖子今后再也不干坏事了。”

“说话要算数！”小派拿着剪刀剪了两刀。

黑胖子吃惊地说：“啊，你是把 8 都剪开了，都变成

0 了！真没想到。”

红桃 K 问黑胖子：“小派已经解答了这个问题。你怎么办？”

黑胖子捶胸顿足地说：“我保证今后不再干坏事。”

红桃 K 命令扑克牌士兵：“既然黑胖子保证不再干坏事，就放他们走吧！”士兵让开了一条通道。

“谢谢红桃国王。”黑胖子转身就走。

“慢着！”红桃 K 叫住了黑胖子。

“还有什么事？”

“你知不知道我为什么总考你数学智力题？”

“你是看我黑胖子傻呗！”

“不对！”红桃 K 说，“如果一个人不会数学，说明他文化水平不高，不理智。这种人就容易办错事，干坏事！你回去要好好学习数学。”

“是！”黑胖子很乖。

黑胖子走后，小派问红桃王子：“你相信黑胖子真能不干坏事？我不信。”

王子说：“咱们俩偷偷跟着他，看看他去干什么。”小派和王子暗暗跟着黑胖子。

黑胖子来到一个山洞前，洞门紧闭。黑胖子在门上划了几道，门自动打开了。他回头看了看，一招手：“快进来！”

三个坏蛋迅速钻进洞里，进去后洞门自动关上了。

小派和王子躲在外面静静地等着。过了一会儿洞门又开了，只见他们从洞里扛出许多捆书，装上了汽车。

黑胖子在一旁催促：“快装，别让警察发现！”

汽车装满后就开走了，洞门重新关上。

小派说：“咱们进去看看，里面藏着什么。”

“好！”红桃王子抽出宝剑，三蹿两跳来到了洞门口。

紧闭的大门上，有一幅图，还有一行字：

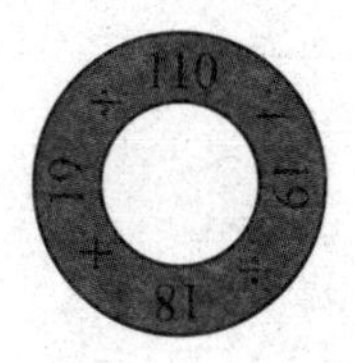

如果能把图中的数字和符号分成四部分，使每一部分都有一个算式，并且四个算式的答数相同，则大门自动开启。

知识点解析

图形的切拼

把一个几何图形剪成几块相同或不同的图形，拼成一个满足某种条件的图形，这种方法被称为图形的切拼。进行图形切拼时，应该有意识地进行计算，考虑他们的大小、形状、位置，寻找合适的切拼方案。故事中，正方形里的数字之和为0，只有把4个8全部剪开，变成4个0，再尝试拼成正方形。

考考你

黑胖子来到山洞门口，山洞大门的形状是一个直角梯形，大门的上底长150厘米，下底长250厘米，高400厘米，门上写着：用一条线段，把梯形分成两个形状相同、面积相等的部分，大门才会打开。黑胖子能打开大门吗？

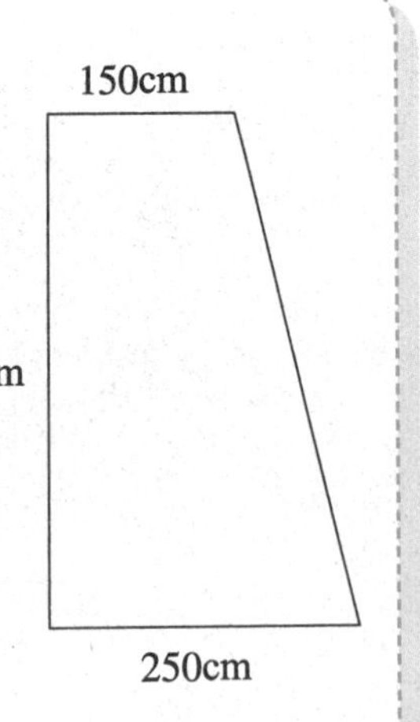

打开洞门

王子看着图发愣："这怎么分？我不知从哪儿下手呀！"

小派凑近看了看："你必须把这四个数字都拆开，你看！"小派把图分成了四部分。

王子高兴地说："哈哈，每一部分答数都得 9，真巧妙！"

王子迅速把图分开，门吱呀一声，自动打开了。

"门打开了。"

小派说："快进去看看！"

里面是一个大书库，王子惊叹："这么多的书！"

小派翻看这些书："我看看都是些什么书？"

小派翻了几本书，生气地说："呀！黄色书、迷信书、赌博书，这些书都是坏书。"

王子问："怎么办？"

小派当机立断："应该到公安局去举报他们！"

小派刚想出去，黑胖子堵在洞口："想去举报？你问问我的拳头让不让你去？"

黑胖子一招手：“来人，把他们两个抓住！”

“冲啊！”一群坏蛋冲了上来。

小派拼命抵抗：“我在这儿顶住，你快用手机拨打110，报警！”

“好！”王子拨打手机。

王子对着手机大声说：“110吗？山洞里发现大批坏书，我们正在和坏人搏斗，你们快来！”

随着一阵警笛声响，警察及时赶到：“不许动！举起手来！”黑胖子乖乖地把手举了起来。

警察审问一个矮个儿坏蛋：“这书库中的坏书有多少？快说！”

矮个儿坏蛋指着墙上的图，说：“乙盘固定不动。甲盘沿着乙盘外沿顺时针转动。当转到A点时，甲盘上的数字和，是黄色书的捆数；当转到B点时，甲盘上的数字和，是迷信书的捆数；当转到C点时，甲盘上的数字和，是赌博书的捆数。”

王子自告奋勇：“我来算算：黄色书和迷信书的捆数一样多，各有106+819+901+861=2687（捆），赌博书有198+106+901+618=1823（捆）。”

小派说：“哇！真不少！”

警长走过来说：“谢谢红桃王子！谢谢小派！你们帮

我们铲除了大害。”

小派不好意思地搓着手说：“不谢！这是我们应该做的。”

一转眼，红桃王子不见了。

“红桃王子！红桃王子！”小派到处找红桃王子。

小派听到自己的口袋里有人说话：“小派，我在这儿呢！”

小派从口袋里拿出一张扑克牌红桃 J，牌上的王子正冲他微笑呢。

答案

不让听课

$120 \times 2 + 2 = 242$（人）。

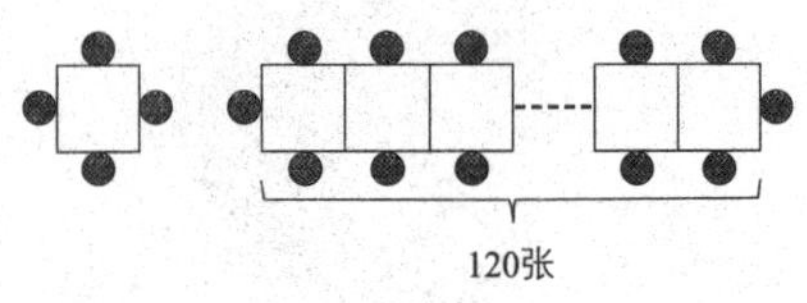

相亲相爱

$126 \div 0.618 \approx 204$（厘米）。

小眼镜除妖

丙放走的。

四手之神

6种。

方法一：第一只手有3种选择，第二只手只有1种选择，第三只手有2种选择，第四只手有1种选择，列式：$3 \times 1 \times 2 \times 1 = 6$。

方法二（列举法）：假设四种物品分别为A、B、C、D，则有以下几种排列方式：ABCD、ABDC、CBAD、CBDA、DBAC、DBCA。

勾股先师

面积相等。

两小半圆面积之和

$= \pi \cdot \frac{1}{2}(\frac{AB}{2})^2 + \pi \cdot \frac{1}{2}(\frac{BC}{2})^2$

$= \frac{1}{8} \cdot \pi (AB^2 + BC^2)$

大半圆的面积 $= \pi \cdot \frac{1}{2} \cdot (\frac{AC}{2})^2$

$= \frac{1}{8} \cdot \pi \cdot AC^2$

因为 $AB^2 + BC^2 = AC^2$

所以 $\frac{1}{8}\pi (AB^2+BC^2) = \frac{1}{8}\pi AC^2$

路遇诗仙

42岁。

$(60 \times 2 \div 5 - 3) \times 2 = 42$

智擒人贩子

一共有$4 \times 5 = 20$（种）搭配方式，将其看作20个“抽屉”，并将21名男生看作21个“苹果”，21个“苹果”放进20个“抽屉”里面，至少有一个抽屉里面有2个或2个以上的“苹果”，所以至少有2名或2名以上的同学选择的主食和配菜相同。

秘密武器库

560支。

方法一：设原计划每天运 x 支，则

$$6x = (x + 280) \times (6 - 2)$$

$$x = 560$$

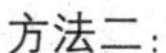

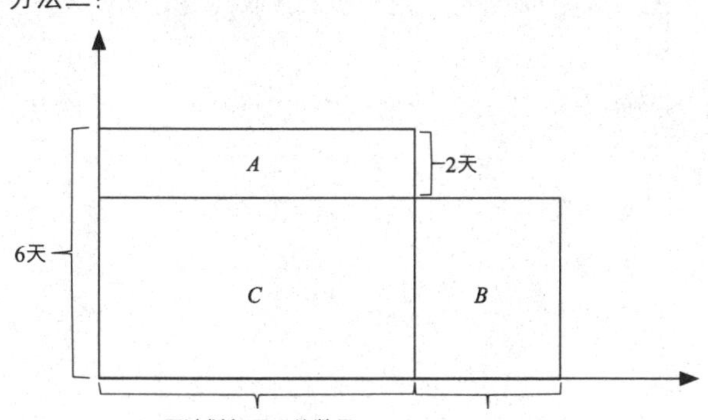

原计划运枪的支数（$A+C$）= 实际运枪的支数（$B+C$），所以$A=B$，原计划每天运枪的支数 $=280\times(6-2)\div2=560$（支）。

恺撒大帝

8月2日上午10时。

每小时慢25秒，慢12小时需：$\frac{60\times60\times12}{25}=12\times12\times12$小时 $=72$（天），最后求出5月22日后的72天是几月几日。5月份有 $31-22=9$（天），6月份有30天，7月份有31天，到8月2日上午10点，正好是72天。

新皇帝不识数

不能。每两张页码是两个连续自然数，即一奇一偶，15张页码之和为奇数，奇数个奇数之和不可能为偶数。

红桃老K来了

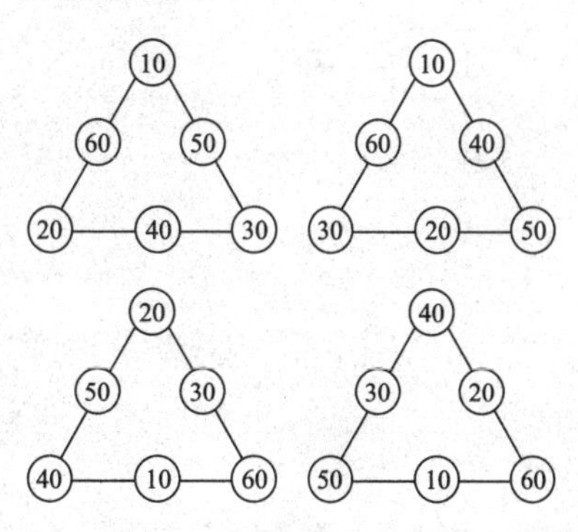

包围黑胖子

能。取BC中点F，再在AD上取点G，使$AG=250$厘米，连接GF，分割成两个完全相同的梯形。

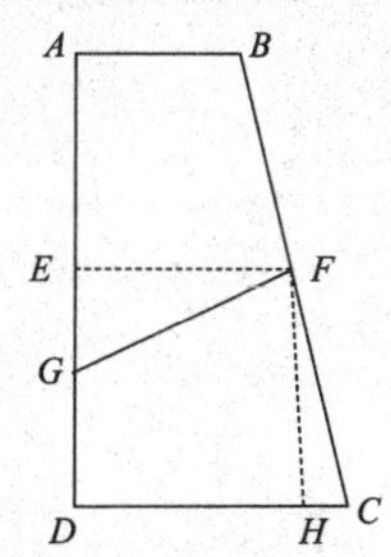

书中故事	知识点	难度	教材学段	思维方法
不让听课	数与形	★★★	四年级	数形结合
相亲相爱	黄金分割	★★★	六年级	黄金比例
小眼镜除妖	逻辑推理	★★★★	三年级	逻辑思维
四手之神	排列组合	★★★★	五年级	有序思考，不重复、不遗漏
勾股先师	勾股定理	★★★	六年级	勾股定理的性质
路遇诗仙	倒推法	★★★	三年级	逆向思维
智擒人贩子	抽屉原理	★★★	五年级	“苹果”与“抽屉”
秘密武器库	一题多解	★★★★★	五年级	代数与几何方法解题
恺撒大帝	时间问题	★★★★★	六年级	时间单位之间的关系
新皇帝不识数	数的奇偶性	★★★★	五年级	奇数个奇数之和是奇数
红桃老K来了	数阵图	★★★★	四年级	先找出重复的数字
包围黑胖子	图形的切拼	★★★★★	五年级	利用中位线进行切割